U0504697

本书为湖北省社科基金一般项目（后期资助项目）"长江经济带生态环境协同保护政策研究"（HBSKJJ20243264）和湖北省社科基金高等学校马克思主义中青年理论家培育计划（第十批）项目"习近平总书记关于长江经济带发展的重要论述研究"（23ZD027）的研究成果

Changjiang jingjidai shengtai huanjing xietong baohu zhengce yanjiu

长江经济带生态环境协同保护政策研究

肖芬蓉 著

人民出版社

序

在区域环境治理研究中，长江经济带生态环境保护是既热门又颇具难度的问题。学术界围绕这一问题的研究成果颇丰，但这并不意味着该领域已然没有可以挖掘和深入研究的空间。相反，做学问是一项慢工出细活的工作，需要细火慢熬。同样的道理，越是学术热点的研究，越需要研究者能坐得了冷板凳，长做、深做，能守正笃实、驰而不息、久久为功。

作者肖芬蓉学业梦想起航时，正好是长江经济带概念提出之初。针对她的生态环境保护研究基础和研究兴趣，作为她的导师，我对她的研究方向和选题提出围绕长江经济带生态环境保护政策展开研究的要求，希望她能在这个国家战略需要的领域中探寻真的学术，做出真的学问。《长江经济带生态环境协同保护政策研究》这部书稿是肖芬蓉近 10 年在围绕此研究方向发表系列论文的基础上凝练而成的，也是 2023 年湖北省社科基金高等学校马克思主义中青年理论家培育计划项目（23ZD027）和 2024 年湖北省社科基金一般项目（后期资助项目）"长江经济带生态环境协同保护政策研究"（HBSKJJ20243264）的成果之一。与此同时，长江经济带发展也已经走过 10 个年头。在个人 10 年和国家 10 年的"双十"周年之际决定将研究成果付梓，作者特邀我为此作序，我欣然接受。"长江经济带生态环境协同保护政策"是一个复杂而又庞大的课题，作者能从协同视角抽丝剥茧，梳理出一个"主体—内容—能力"的政策分析框架，难能可贵。总体而言，我觉得该研究成果具有四个方面的鲜明特点。

一是该研究具有"问题意识"，秉承了学术研究服务于国家发展大局的宗旨。正所谓"文章合为时而著，歌诗合为事而作"，学术研究固然可以出于个人兴趣爱好，但自身的理论旨趣和学术追求是否切合社会发展实际需要、能不能为国家发展大局提供理论思考和智力支持，是一个学者首先要考虑的问题。这就要求学人能关注国家大政方针、追踪学术问题。推动长江经济带高质量发展是党中央作出的重大决策，关系国家发展全局。党的二十大报告明确指出要"推进长江经济带发展"，这既是进一步推动长江经济带高质量发展应有之义，也是部署区域重大战略的必要要求。过去的十年，长江经济带高质量发展取得了巨大成效，发展方式发生重大变革，区域融合实现重大提升，对内对外开放取得重大进展，生态环境保护与修复明显改善。值得注意的是，长江经济带高质量发展"根本上依赖于长江流域高质量的生态环境"。但是，长江经济带生态环境保护具有跨域性、外部性、复杂性等特征，属于典型的"棘手"问题。因此，长江经济带生态环境保护任重而道远，还需在高水平保护上下大功夫。2023年10月，习近平总书记在江西南昌主持召开进一步推动长江经济带高质量发展座谈会并发表重要讲话，强调要"加强政策协同和工作协同"。基于此，对长江经济带生态环境协同保护政策展开研究将有助于进一步促进政策主体间合作、完善政策内容和提升地方政府能力，推动长江经济带高质量发展并更好地支撑和服务中国式现代化。基于长江经济带上升为国家战略并持续推进10年，书稿《长江经济带生态环境协同保护政策》正是关注并追踪学术热点的成果之一，并且致力于政策研究，属于学术研究的大问题、真问题。

二是该研究视角具有适恰性，抓住了事物发展规律的主要矛盾。有道是区域发展，政策先行。事实上，改革开放以来，中央和地方出台了大量关于长江经济带的政策。这些政策对于解决长江问题取得了众所周知的成效。但是，作为国家重大战略发展区域，长江经济带发展背负着成为"全球影响力的内河经济带、东中西互动合作的协调发展带、沿海沿江沿边全面推进的对内对外开放带、生态文明建设的先行示范带"的重要使命,这也产生了新的政策制定需要。由此,新旧政策、央地政策、不同部门政策齐聚一堂,政策差异、政策扩散甚至政策冲突等政策图景轮番上演。在这种背景中,政策"协同"的需要应运而生。该研究以系统论、协同治理、政策协同等相关理论为理论基础,认为长江经济带生态环境保护政策是一个具有开放性、动态性、相互依赖性、结构性的系统。以"协同"视角对长江经济带生态环境保护政策进行考察和评价,一方面能反映政策要素并兼顾结果;另一方面能反映静态的结构特征并描述政策的"动态性"特征。因此,相较于单纯的绩效评价而言,"协同"视角的研究更具整合性和综合性。

三是该研究分析框架具有全面性,"主体—内容—能力"的三维分析框架以政策分析与评价为抓手,形成全过程政策研究。事实上,在政策分析与研究的实际操作中,人们很难把政策分析与研究仅限于政策方案的选择过程,而不考虑政策过程的其他环节。毋庸置疑的是,政策分析与研究目前已涵盖了影响政策制定过程的多方面因素。从政策过程来看,政策包括政策问题的确认、政策议程的确立、政策制定、政策执行、政策评估等过程,政策研究可以从不同阶段展开;从政策要素而言,政策包括政策主体、政策内容、政策工具等方面,政策研究可以聚焦政策要素的某一方面展开研究。但是如此操作往往又有以偏概全、管中窥豹之嫌。这也是考验研究者功力的重要方面。该研究基于系统论、协同治理和政策协同理论,提炼出了"主体—内容—能力"分析框架,很好地将政策过程、政策内容等零零散散的要素串联在一起,形成一个研究闭环。

四是该研究方法具有科学性,对于不同的研究问题采用不同的研究方法。显然,研究方法本身不是研究目的,仅是实现研究目的的手段。学术研究追求的是思想性和学术贡献?显然不是,也没有必要追求令人费解的研究方法。换句话而言,学术研究讲究根据不同的研究对象,选择适当的分析方法。形象地讲，研究方法要"有的放矢"。肖芬蓉博士在研究的不同环节针对不同的研究内容选择了合适的研究方法，较好地实现了研究目的。

王维平

2024 年 8 月 3 日

（本文作者系兰州大学马克思主义学院二级教授、博士生导师）

目　录

第一章 导 论

党的二十大报告明确提出在区域协调发展战略中，要"推进长江经济带发展"。这既是区域重大战略的必要要求，也是进一步推动长江经济带高质量发展应有之义。推动长江经济带高质量发展关系国家发展全局，是党中央作出的重大决策。实际上，2014年，长江经济带在政府工作报告中正式提出，与"一带一路"、京津冀协同发展上升为国家重大战略。在长江经济带高质量发展的伟大征程中，生态环境保护占据着重要位置。在过去的十年，长江经济带生态环境保护取得巨大成效，也存在着进一步推进的空间。基于此，聚焦长江经济带生态环境协同保护政策，将有助于进一步推动长江经济带高质量发展，更好支撑和服务中国式现代化。

曾几何时，随着工业化和城市化的推进，长江流域生态破坏和环境污染日益严重，中国政府承受着巨大的资源环境压力。一方面，日趋严重的生态环境问题阻碍社会经济的可持续发展，成为长江经济带高质量发展的重要瓶颈。另一方面，随着生态环境问题凸显，中央政府和地方政府出台了一系列有关长江生态环境保护政策，采取切实措施提升长江经济带生态环境保护绩效。但是，在取得一定成效的同时，长江经济带生态环境保护依然存在诸多问题。由此可见，长江经济带生态环境保护任重而道远。作为生态文明建设的先行示范带，长江经济带在流域高质量发展中发挥着标杆性、示范性作用。中央政府和地方政府如何进一步完善协同保护政策开展长江经济带生态环境保护成为学术界和公共管理实践领域关注的重点。本章将从研究缘起、文献综述、研究内容、研究方法、研究创新等方面，交代本书稿的基本情况。

第一节　研究缘起

一、研究背景

高质量发展是全面建设社会主义现代化国家的首要任务。党的二十大也明确指出实现高质量发展是中国式现代化的本质要求。在长江经济带高质量发展征程中，生态环境保护问题至关重要，却也任重而道远。基于现实重要性和学术探讨的必要性，本书以习近平生态文明思想为引领，将长江经济带生态环境协同保护政策作为研究选题。

（一）现实背景

1. 生态环境保护在长江经济带高质量发展中具有重要性。

2014 年，国务院政府工作报告提出"依托黄金水道，建设长江经济带"。这意味着长江经济带建设被纳入国家战略。2016 年，在重庆召开的推动长江经济带发展座谈会上，习近平总书记指出，长江拥有独特的生态系统，是我国重要的生态宝库。2016 年，《长江经济带发展规划纲要》正式印发。作为推动长江经济带发展重大国家战略的纲领性文件，《纲要》明确指出长江经济带发展的宏伟蓝图之一是"大力保护长江生态环境"。保护好长江流域生态环境，成为推动长江经济带高质量发展的前提。

从生态价值而言，长江是国家举足轻重的战略水源地和清洁能源基地，生态价值无可替代。长江水资源约占全国淡水资源的 36%，很大程度上满足了全国人口生活、粮食生产和国民生产总值产出的用水需要。此外，通过南水北调工程，长江一定程度上缓解了华北地区水资源匮乏难题。从生态区位来讲，长江经济带南北区位适中，光热水土配比条件良好，是地球重要的物种基因库。按照国家生态功能区划，25 个生态功能区位于长江经济带，包含 8 个全国重要水源涵养生态服务功能区；各类自然保护区 1066 个。其中，国家级自然保护区总数达 165 个。

为了加强长江流域生态环境保护和修复，2020 年 12 月 26 日全国人大通过《中华人民共和国长江保护法》，为长江经济带生态环境保护提供法律保障与依据。由此可见，有效开展生态环境保护既是长江经济带高质量发展的必然需求，也是国家维护区域生态安全和提升生态文明建设水平的总体要求。

2. 长江经济带存在生态环境问题。

长江沿岸地区多年来传统的经济发展方式和城市化扩张带来了生态破坏和环境污染。生态环境问题成为长江经济带高质量发展的重要瓶颈。

首先，长江经济带存在生态环境问题，水、大气、土壤等领域均存在环境污染和生态失衡问题。其次，生态系统有所退化。受传统发展方式的影响，长江沿岸地区成为沿江省份推进工农业现代化的主战场，废水排放总量与强度均处于高位水平，承载了流域经济社会发展的巨大负荷。这也导致上游地区作为战略水源地，水土流失加剧；中下游地区受人类活动干扰，湖泊、湿地生态功能退化。最后，水、土地、矿产、能源等资源的利用效率有待提高。传统"三高一低"的粗放型发展方式使得长江沿岸存在资源浪费、效益不高等问题。作为传统制造业的聚集地，长江沿岸布局了宝武钢铁、攀钢、马钢、重钢等钢铁基地和炼油厂等诸多大型重化工企业。此外，船舶、造纸、电力、化工、食品加工、采矿、有色金属、建材等高污染、高耗能的资源型产业和产能过剩行业集聚，导致"化工围江"局面。即使长江下游地区通过产业升级、产业结构逐步迈向绿色化，也存在新老产业、新旧设备、环境恶化与经济增长乏力并存的问题。

3. 长江经济带生态环境保护面临困难。

正视和梳理困难与矛盾是解决问题的前提和基础。总体而言，长江经济带生态环境保护面临的组织和体制困境表现为"行政区行政"与"跨域性"矛盾、部门"碎片化"的痼疾和生态环境保护领域之间缺乏系统联动性等三个方面。

（1）"行政区行政"与"跨域性"矛盾。

行政区行政是在一种切割、闭合和有界的状态下，国家或一个国家的地方政府基于行政区域界线对社会公共事务治理的形态。客观来讲，行政区行政作为国家空间治理和"科层制"的空间实现形式，具有存在的合法性和必要性。但行政区行政以人为切割的行政区划为出发点，又具有内向型、闭合性特征，导致"各自为政"的弊端。

从运行逻辑而言，"行政区行政"作为政府治理社会公共事务的重要方式，其运行逻辑以属地化管理为基础。具体而言，属地化管理具有以下重要特征：第一，环境保护、维护安全、教育管理、主持司法等地方事务只和所在地的地方政府联系。这种安排的直接后果是所辖地区的相关信息属地化，这样会让地方政府掌握更多的信息。由此，信息不对称与模糊性逐级扩大。第二，每个地域属于一个相对独立的、封闭的经济与社会单元，地域之间的横向联系较少，形成各自为政的局面。当然，上级政府既不鼓励、也不支持地方政府之间自发自愿的横向联系。第三，即使上级机构派驻到地方，地方也可以通过目标解析、任务"打包"、信息筛选、督察引导等途径掌握一定的组织控制权。这种信息优势和自由裁量权使得上级政府权威有可能悬浮，也有可能被"俘获"。为维护上级政府权威，"晋升锦标赛"成为提升地方官员对上级政府忠诚度的重要制度安排。但是这又刺激地方政府之间形成竞争关系，加剧地域之间的隔离。

行政区行政的运行逻辑导致"属地化"与"跨域性"矛盾。从长江流域的空间视角考察，"属地化"导致的行政分割与长江经济带的"跨域性"存在矛盾。2015年1月1日施行的《中华人民共和国环境保护法》通过法律规定形成并确认了环境保护工作的属地管理原则，造就了各地方政府秉承"内向型行政"的思维和行为。这种"内向型行政"使得属地之间相互分割的传统习惯依然存在。辖区及其官员在跨界环境问题治理上的"搭便车"行为盛行，由此产生流域生态环境的"公用地悲剧"。

由此可见，"行政区行政"的行政体制与长江经济带的"跨域性"存在一定程度的矛盾与冲突，这也成为长江经济带生态环境保护政策制定和推行中面临的一大瓶颈。

（2）部门"碎片化"的痼疾。

"碎片化"（fragmentation）往往被用来形容政府管理体制与组织形式缺乏整体性的状态。在长江经济带生态环境保护中，"碎片化"除了"属地化"导致的空间性碎片化外，还表现为职能性碎片化。

具体而言，目前我国生态环境管理职能分布于三大块：污染治理职能分散于环保、农业、交通、渔政、公安等部门；生态保护职能分散于林业、农业、水利等部门；综合协调职能分散在环保、发改委、财政、工信、国土资源等部门。这种分工合作、条块结合的管理体制，虽然能较好地应对特定环境问题，但却使得本应统一行使的职权被人为分割，且与具有整体性的生态系统存在结构性矛盾，使管理责任难以落实，造成管理盲区。曾维和和咸鸣霞将这种圈层分割描述为"碎片化"，是分割式管理的亚瘫痪状态。此外，在上级政府要求落实生态环境管理任务时，地方政府往往又倾向于由势单力薄的环保部门承担相关工作。不言而喻，环保部门难以协调与自己平级的其他部门。

进一步地讲，在强调生态环境责任的背景下，地方政府及其部门成为重点关注对象。在科层制的组织结构中，一项政策任务需要根据分工交给不同的部门、不同的人去完成。在由上而下的压力传导机制与绩效导向的问责机制下，不同层级政府与不同职能部门为了分散压力、规避问责风险，就提前划清权责，层层"分锅"。由此形成的多部门"分锅"状态呈现出横向分散的特征。张力伟在探讨"分锅"避责的运作机制时，认为"分锅"与周雪光提出的"共谋"行为逻辑不同。地方政府和职能部门的"分锅"行为极力回避激励强化与目标共识，不仅迟滞了正常的行政沟通，还阻碍了政府之间的合作治理。纵向上下级之间、横向部门之间被"肢解"为孤立的行政主体。因此，政府及部门的"分锅"行为导致的结果可能是行政关系的疏离、政府合作的弱化以及治理绩效的下降①。

作为中国公共管理运行逻辑的一个缩影，长江经济带生态环境保护展现了一幅部门化管理图景。总体而言，在压力型体制下，属地化管理进一步向下级政府和具体领域延伸呈现为部门化。部门化管理导致生态环境保护由不同部门来承担，但不同部门发展理念不同，在行政资源稀缺的背景下各部门之间利益极易发生冲突，由此发生政策阻滞、监管乏力等问题，由此形成"碎片化"。

（3）生态环境保护领域之间缺乏系统联动性。

生态环境是一个具有复杂性和系统性的公共问题。受问题严重性、决策者注意力变动与配置等主客观因素的影响，进入政府政策议程的生态环境保护议题存在差异，由此不同议题所获得的资源和注意力存在不同。但是，生态环境具有系统的联动性，一个问题的解决可能同时解决了另一个问题，但也可能出现其他问题，由此导致顾此失彼、相互掣肘的境地。

2017年出台的《长江经济带生态环境保护规划》将生态环境保护目标具体化为合理利用水资源、保育恢复生态系统、维护清洁水环境、改善城乡环境、管控环境风险等五个方面。这五个方面是一个生命共同体，是不可分割的生态环境保护系统，是相互依存、紧密联系的有机链条。由此，长江经济带生态环境保护不能各管一摊、相互掣肘，而必须统筹兼顾、整体施策、多措并举。

总体而言，传统的行政体制与跨域性问题所要求的整体性治理存在冲突和矛盾。长江经济带生态环境保护既存在各自为政、单打独斗的格局，又存在部门化、政策议题系统联动的问题。

4. "协同"为长江经济带生态环境保护政策完善提供思路。

作为流域经济，长江经济带生态环境保护涉及生物、湿地和环境等多个方面，是一个整体。由此，习近平总书记2016年在重庆召开的座谈会

---

① 张力伟：《从共谋应对到"分锅"避责：基层政府行为新动向——基于一项环境治理的案例研究》，《内蒙古社会科学（汉文版）》2018年第6期。

上明确指出要增强系统思维，使沿江各省市协同作用更加明显；2018 年在武汉召开的座谈会上，习近平总书记强调生态环境协同保护体制机制亟待建立健全；2020 年在南京召开的座谈会上，习近平总书记再次提出要加强协同联动；2023 年在南昌的座谈会上，习近平总书记又一次指出要加强政策协同和工作协同。由此可见，"协同"是长江经济带生态环境保护的应有之义，为长江经济带高质量发展提供了思路。

流域发展，政策先行。相较于制度而言，政策具有更为迅速地生成作用。长江经济带生态环境保护目标的实现离不开公共政策的加持和保障。基于长江流域生态环境问题的严重性、生态环境保护迫切性和必要性，党的十九大提出"生态优先，绿色发展"的根本遵循，强调以"共抓大保护，不搞大开发"为导向推动长江经济带高质量发展。在具体的途径和措施上，"要加快推进生态环境领域国家治理体系和治理能力现代化"。在审视生态环境问题时，越来越多的人认识到，突破行政区的藩篱并对"碎片化"进行整合是推进长江经济带发展的重要抓手。这就要求政府在治理过程中通力合作，积极探索区域性协同治理机制形成合力。否则，各自为战的治理方式将导致污染长期反复甚至是顾此失彼。由此可见，长江经济带生态环境的改善需要进一步完善政策，通过协同寻求出路。

5. 长江经济带具有流域治理的典型性。

长江经济带以水为载体和纽带，连接上中下游、东中西部、左右两岸、干支流，形成具有整体性的、开放的自然生态系统，具有流域的典型特征。2014 年，国务院部署将长江经济带建设成为生态文明建设的先行示范带。在 2014 年的中央经济工作会议上，长江经济带与"一带一路"、京津冀协同发展确立为国家发展的三大战略。三大战略的共同特点是跨行政区划、促进区域协调发展。相较于"一带一路"和京津冀协同发展，长江经济带还具有流域治理的显著特征。流域是由自然地理空间、经济和社会组成的复合型区域。推动流域系统协同共生发展具有重要的现实意义。因此，对长江经济带展开研究，一方面是提升中央与地方政府治理体系和治理能力现代化的现实要求，另一方面也能为其他流域治理提供借鉴与启示。

（二）理论背景

随着长江经济带高质量发展上升为国家重大战略，长江生态环境保护政策议题的"机会窗口"被打开，并逐步确立了"共抓大保护，不搞大开发""绿色发展，生态优先"的根本政策遵循。"共抓大保护，不搞大开发"和"绿色发展，生态优先"的提出并非偶然，生态文明思想、可持续发展理论和区域协调发展理论提供了深刻的理论背景。

1. 习近平生态文明思想提供了思想武器。

习近平生态文明思想涵盖了整体性治理路径、跨域协同联动论等重要内容。整体性治理路径从系统性、全局性角度寻求解决之道，认为生态保护和环境治理是"牵一发而动全身"的系统工程，不只是环保局、生态脆弱地区、环境污染重地等某一部门、某一领域、某一区域的公共事务，而是涉及经济、政治等多领域以及多部门、多区域的复杂事务。习近平总书记提出：生态文明建设"必须是统筹兼顾、整体施策、多措并举，全方位、全地域、全过程开展"①。党的十八大以来，党中央和国务院出台关于区域的重大决策无一不强调生态文明建设的重要性，无一不强调"共抓"的协同思路。长江经济带绿色发展要"加强协同联动，强化山水林田湖等各种生态要素的协同治理，推动上中下游地区的互动协作，增强各项举措的关联性和耦合性"②。由此可见，跨区域协同联动将以制度形式为政府间关系提供一种激励约束机制，通过设计跨区域共建共治共享等协同联动机制来推动生态文明建设。

总体而言，习近平生态文明思想中所蕴含的整体性、系统性、跨域性思维为长江经济带生态环境保护指明了方向。

① 《习近平谈治国理政》（第三卷），外文出版社 2020 年版，第 363 页。
② 《习近平谈治国理政》（第四卷），外文出版社 2022 年版，第 358 页。

2. 可持续性发展理论为"生态优先，绿色发展"提供了理论支撑。

可持续发展理论强调人类社会对于环境风险的反应能力以及对地球安全的关切。可持续发展意味着社会、经济、环境三大支柱中的任何一个方面都具有独立性价值，不重视环境的独立性价值不利于人类经济社会的永久持续发展。但社会、环境、经济三个方面的可持续性定义存在强弱分歧。弱可持续性观点认为人造资本在一定程度上能替代自然资本，因此可持续发展不存在资源约束。甚至自然资本降到环境承载能力阈值以下，如果现有资本存量总和不变，也能实现发展。在此基础上，可持续发展的设计将环境视为发展的一个普通子系统。强可持续性观点则认为自然资本和人造资本之间是互补关系。环境是发展的制约因素，人类发展消耗程度必须控制在生态系统功能的承受范围内。相比较而言，在生态文明建设背景下，可持续发展观点越来越具有影响力。

长江经济带高质量发展强调生态环境的独立性价值，与强可持续发展观点具有一致性。可持续发展理论为政策制定者提供理论支撑主要表现在三个方面：一是长江经济带高质量发展需要关注可持续性问题，经济的长期持续增长才是发展要达到的目标，降低环境要求不能提高社会福利水平；二是将可持续理论融入长江经济带发展的驱动因素中；三是从多方面提及可持续能力与发展的关系。

3. 区域协调发展理论为"共抓大保护，不搞大开发"提供了理论依据。

作为国家重点发展区域，长江经济带高质量发展政策受到区域协调发展理论的影响与指引。

一方面，从区域协调发展理论出发，推动长江经济带形成协调性均衡发展格局，有利于在全流域建立严格的水资源和水生态环境保护制度，有学者提出："形成区域联动的环境保护工作格局，将区域经济社会发展、生态环境保护从过去的局部问题提升为流域共同体的全局问题。"[1] 越来

---

① 成长春、杨凤华等：《协调性均衡发展——长江经济带发展新战略与江苏探索》，人民出版社 2016 年版，第 76 页。

越多的学者认为区域协调发展不能局限于经济领域，而是区域内经济、社会、环境等多领域的协调。如国家发改委宏观经济研究院认为区域协调发展是一个综合概念，它强调通过综合统筹和互动协调形成统一、开放的市场，区域内部分工合理、优势互补、协同发展①，实现公共服务水平的均等化、经济发展成果与实惠的分享是区域协调发展的最终目标。由此可见，区域协调发展强调和谐、最优、可持续地发展区域内人口、资源、环境、经济和社会系统，整体性和系统性是协调发展重要特征。

长江经济带作为重要区域，其发展与变迁受国家经济结构调整和发展水平左右，发展格局由"调整中趋衡"转向协同性特征明显的"协调性均衡"，是新的、更高层次的均衡。如果说改革开放初期长江经济带呈现为地区间缺乏交流合作的分散式、静态式均衡，那么"协调式均衡"强调优势互补、分工协作，是一种高水平、高效率、共生型均衡。基于此，长江经济带生态环境保护应是"共抓"，而不是单打独斗。

另一方面，区域协调发展理论为如何"共抓大保护"提供了思路。根据内在动力区分，区域发展基本模式可分为建构型和自发型两种。其中，建构型模式以中央政府为主导，以国家政策为促发动力，通过行政权力自上而下的介入促进区域协调发展。西部大开发属于此类。自发型模式以地方政府为主导，与市场化水平息息相关，即区域内各地区基于地缘相近、产业联动、文化相通的原因，形成要素自由流动的共同市场，以共同利益为纽带推动区域协调发展。长三角和珠三角的经济合作联合体属于此类。

事实上，不管是建构型还是自发型发展模式，区域协调发展途径却是殊途同归，只是不同区域、不同阶段的侧重点存在差异。如王福龙认为地方政府间横向合作至关重要，区域协调发展需要通过政策制度、利益协调和信息沟通推进地方政府横向合作（2019）。胡海洋、姚晨和胡淑婷针对

---

① 国家发展改革委宏观经济研究院国土开发与地区经济研究所课题组：《区域经济发展的几个理论问题》，《宏观经济研究》2003年第12期。

中部崛起并未发挥有效的政策效应，认为促进区域协调发展应加快培育新的增长极和增长带、优化空间开发格局、实施新型城镇化战略、推进经济结构转型（2019）。姚宝珍认为提高区域发展运行效率，应从权威、分权、价值、多元、配套、规范等路径推进制度改革（2019）。白晔、黄涛和鲜龙认为解决我国区域协调发展上的低效甚至无效的重要途径是破解区域间"合作悖论"，因此需要建立良性合作环境（2018）。曹清峰认为加强区域协同创新是区域协调发展的重要途径，应构建以中心城市为关键节点、城市群为主体的国内区域创新网络，深度嵌入并逐步构建自身主导的全球创新网络，实施积极有为的创新政策来推动创新网络建设（2019）。王必达和苏婧认为可以通过优化公共服务体系、建立健全要素自由流动机制形成市场主导型区域协调发展机制（2020）。

总体而言，区域协调发展理论对"共抓大保护"提供了规范性价值和启发。

综上所述，长江经济带高质量发展面临着生态环境问题，问题的解决又存在属地化管理、部门"碎片化"和政策领域系统联动的体制性困境，政策的协同变得既困难又紧迫。习近平生态文明思想、可持续发展理论和区域协调发展理论为长江经济带生态环境保护问题"是什么"和"怎么办"提供了理论源泉和启发。基于理论与实践的互动，我国政府逐步确立了"共抓大保护，不搞大开发""绿色发展，生态优先"的根本政策遵循。但是，依循协同路径反思长江经济带生态环境保护政策，依然存在诸多现实困境和理论迷思。为了更好地开展长江经济带生态环境保护工作，本书从系统视角对政策进行界定入手，从协同视角评价政策的前提、内容与结果，基于评价结果提出政策建议。

二、研究思路

本书聚焦于从协同视角对长江经济带生态环境保护政策展开分析与评价，沿着提出问题—分析问题—解决问题的思路展开。即通过梳理长江经济带生态环境保护的政策文献和学术文献聚焦研究问题——从协同视角分析与评价长江经济带生态环境保护政策。围绕研究主题，本书从三个方面分析与评价长江经济带生态环境保护政策：政策主体、政策内容和政策能力。最后通过分析结果发现问题并明确原因，提出从协同路径完善长江经济带生态环境保护政策的建议。研究过程大致可以分为如下步骤：

第一步：提出问题。通过背景考察，结合长江经济带生态环境保护的现实问题，提出本书的研究主题，即长江经济带生态环境保护政策的协同以实现更好的治理。对应第一章。

第二步：理论准备。梳理并整理了系统论、协同治理、政策协同等理论对本书的启发。基于理论基础，对长江经济带、生态环境保护、生态环境政策等核心概念进行界定并确立分析框架。对应第二章。

第三步：网络分析。围绕"主体—内容—能力"分析框架，利用政策文献分析方法和社会网络分析工具描绘政策主体合作关系所形成的网络结构，并揭示组织结构中所蕴含的协同关系，并对政策主体所形成的协同关系进行评价。对应第三章。

第四步：内容分析。围绕"主体—内容—能力"分析框架，利用内容分析法对政策效力、政策目标和政策工具等政策要素协同状况进行分析，并揭示政策内容调适的特征，并对政策内容调适进行评价。对应第四章。

第五步：量化分析。围绕"主体—内容—能力"分析框架，基于系统理论和分析方法，将长江经济带生态环境保护政策化为生态环境保护子系统和政策能力子系统，应用耦合协同度模型测算协同度，总结长江经济带生态环境保护政策的协同现状并再次分析其原因。对应第五章。

第六步：政策建议。以协同治理为导向，基于第三、四、五章的分析结果，提出完善长江经济带生态环境保护政策的建议，即从完善组织结构、调适政策内容和提升政策能力三方面着手。对应第六章。

第七步：总结与展望。从流域协同治理的视角，对长江经济带生态环境保护政策的研究予以总结、对研究不足进行反思并对未来研究趋势提出展望。

依据前提、内容与结果三个方面的内涵，本书从政策主体间合作、政策变迁中内容一致性、政策能力与生态环境保护绩效协同度展开剖析。通过三个方面的剖析，本书将重点回答以下问题：

第一，政策研究具有多元途径，如何从协同视角搭建长江经济带生态环境保护政策的分析框架？基于政策协同理论，可以从哪些方面对政策进行分析？

第二，从前提而言，协同的"状态论"强调政策主体合作以实现共同的政策目标，政策主体特别是政府间合作是协同的前提条件。基于协同视角可以从哪些方面分析与评价长江经济带生态环境保护政策主体？应用怎样的研究方法可以实现政策主体的分析与评价？协同视角下政策主体间关系呈现出怎样的特征？基于政府间关系分析，长江经济带生态环境保护政策主体呈现怎样的状态？

第三，从动态的政策变迁而言，协同的"过程论"强调政策的"动态性"和政策内容的"一致性"，政策内容的不断调适是推动政策趋向于协同的桥梁和载体。如何基于协同视角考察长江经济带生态环境保护政策内容？应用什么研究方法可以实现从协同视角对政策内容进行分析？协同视角下政策内容中的要素呈现出怎样的特征？基于政策要素及其协同分析，政策内容呈现出怎样的特征？

第四，从能力而言，协同的"能力论"凸显了政策的权变性、能动性，既能表征协同的结果，又能体现政策循环的新起点。如何从协同视角考察长江经济带生态环境保护政策能力？应用什么研究方法可以较好地度量生态环境保护政策的协同度？基于协同视角的政策能力分析，生态环境保护政策呈现出怎样的状态？

三、研究意义

在区域协调发展和生态文明建设的大背景下，本书以习近平生态文明思想为引领，以协同为导向和视角，对长江经济带生态环境保护政策进行分析和评价，具有一定的理论价值和现实意义。

（一）理论意义

1. 拓展长江经济带生态环境保护的政策协同研究。经过理论和实践的多年探索，国内外已在政策协同研究方面取得了丰硕的研究成果。本书从政策协同状态、政策协同过程和政策协同能力三种不同的视角对政策进行考察不失为一种政策协同研究领域的拓展。具体而言，政策主体间的合作意愿与行为是前提条件，政策内容调适反映了协同过程，政策能力是协同的结果和协同循环的新起点，三个方面使得政策形成一个具有协同性的系统。因此，本书形成"主体—内容—能力"的分析框架，对长江经济带生态环境保护的政策主体、政策内容和政策能力展开分析，这在一定程度上拓展了政策协同研究的分析途径和方法。

2. 从政府间合作、政策内容调适和政策能力三个方面展开分析与评价，深化对长江经济带生态环境保护政策研究。首先，政府间合作与政策的协同理论脉络相互关联，具有同源性。本书在对政策主体的考察中，借用政府间合作关系、合作水平的思路、概念表征以反映政策主体间的协同状况。此外，本书利用社会网络分析方法，利用 Ucinet 分析工具描绘政府间有无合作、合作程度如何，更为直观和科学。其次，政策内容调适强调政策的动态性。政策内容作为政策的载体，不是一成不变的；政策变迁体现于政策内容所蕴含的政策要素变迁。准确而言，"协同"要求政策遵循大体方向，通过对政策内容的不断调适以实现与政策环境的互动，是一种渐进式改革策略。这种致力于协同的政策内容调适只有进行时，没有完成时。本书认为政策要素和内容是政策的载体，政策的变迁与完善可以通过政策要素和内容得以反映。基于政策的动态性，本书利用内容分析法，从政策文本中提取政策效力、政策力度、政策目标和政府工具等要素，并分析政策要素及其协同状态，以此考察政策变迁中政策内容的调适。最后，从协同视角考察长江经济带生态环境政策的协同度具有理论价值。在生态环境治理体系和治理能力现代化要求下，政策能力也受到学术界越来越多的关注。作为一种潜在的资源存量，政策能力通过激发、调动可以产生增量的资源以应对复杂性难题，具有权变性和能动性。相较于从组织结构维度考察政策协同主体、从政策变迁视角分析政策内容以揭示协同生成的动态性、复杂性和不确定性，政策能力提供了一个结果视角。本书将政策能力作为子系统考察其与生态环境保护子系统的协同度，为后续其他领域政策研究提供一定的启示。

3. 为国内流域生态环境保护提供理论依据。生态环境问题具有公共性、外部性、扩散性、流动性、跨域性和复杂性特征。长江经济带东、中、西部生态环境各有特点、经济发展水平不平衡，生态环境问题更具复杂性，在流域生态环境保护中具有典型性。由此，长江经济带生态环境协同治理实践提供了一个流域生态环境保护的鲜活样本。已有研究在生态环境保护的相关领域作了探索。但在公共管理学领域将长江经济带生态环境保护政策作为研究问题的博士学位论文并不多见。从公共政策学角度回答如何开展长江经济带生态环境保护正是本书的出发点，也力图进一步为黄河流域、洞庭湖生态经济区等流域生态环境保护提供理论依据。

（二）实践意义

1. 有助于提高长江经济带生态环境协同治理效益。生态环境保护和经济发展不是矛盾对立的关系，而是辩证统一的关系[①]。然而，在很长的历史时间里，经济发展与生态环境保护难以取舍，也难以兼容。长江经济带高质量发展的战略部署对两者关系作出了明确的回答。但是，如何实现"不搞大开发，共抓大保护""生态优先，绿色发展"，成为一个摆在社会科学研究者面前的现实问题。本书认为长江经济带生态环境保护问题属于典型的跨域性问题，应通过持续推进协同治理找寻答案。通过从协同视角对长江经济带生态环境保护政策进行分析和评价，能使得政策主体认识到

---

① 中共中央宣传部编：《习近平新时代中国特色社会主义思想学习纲要》，学习出版社、人民出版社 2023 年版，第 225 页。

进一步合作和协同的重要性和必要性，能推动中央和地方进一步调适政策内容、努力提升政策能力。毋庸置疑，这些方面有助于提高长江经济带生态环境协同治理效果。

2. 为政府制定和执行长江经济带生态环境保护政策提供参考。长江经济带生态环境保护政策具有系统性，政策的协同是推进流域生态环境保护的关键。本书从协同视角对长江经济带生态环境保护政策主体间合作关系、政策内容中政策要素及其协同、生态环境保护政策协同度进行分析与评价。研究认为长江经济带生态环境保护政策主体具有较高的合作意愿和一定程度的合作行为，是政策协同的前提；长江经济带生态环境保护政策内容中的政策效力、政策目标和政策工具经过较长时间的调适呈现上升趋势，但政策目标间和政策工具间协同均呈现不均衡特征；长江经济带生态环境保护政策呈现"高耦合，低协同"特征。基于研究结论，本书提出促进政府间合作、完善政策内容、提升政策能力三方面的政策建议，为中央与地方政府制定和执行长江经济带生态环境保护政策提供参考。

3. 为中华流域生态文明建设提供借鉴。生态文明作为一种高级人类文明形态，其建设水平对于当前区域可持续发展至关重要。根据中央生态文明建设的总体布局，长江经济带要建设成为生态文明建设的先行示范带。事实上，当前中国缺乏达到高水平生态文明形态的区域，各地区仍需要突破现状以实现高水平的生态文明。这也意味着，长江经济带作为典型的流域，在生态文明建设中行之有效的政策措施和做法要向其他流域逐步复制和推广。因此，探索长江经济带生态环境保护政策，特别是从协同治理的视角探讨生态环境保护政策对其他流域生态文明建设具有借鉴意义。

第二节　文献综述

目前从协同视角对长江经济带生态环境保护政策展开研究的文献所见

不多，但是围绕区域生态环境治理政策这一更为宏观的主题，已有学者从问题的界定、对策与评价等不同的环节和层面作了探讨。这些已有研究成果为探讨长江经济带生态环境政策奠定了理论基础并对进一步研究具有重要的启发价值。

一、长江经济带生态环境保护政策问题的相关研究

长江经济带生态环境保护问题是生态环境治理的子议题。由此，有必要对学界关于生态环境问题的不同认识和辩论进行回顾和分析。事实上，学界和实践领域关于生态环境是否为一个值得关注和解决的"问题"存在不同意见，争论的焦点之一是生态环境是否具有"独立性"价值。

(一)"问题"之争

1. 经济"依附"论。

"经济'依附'论"认为环境污染是经济发展的副产品，生态破坏和环境污染并不是需要通过公共政策加以解决的"问题"，并不具有独立性价值，更不需要政府的干预。这一种观点认为环境问题是典型的发展经济学命题，即经济发展到一定程度后，环境问题会自然解决。其中，影响最大的当属环境库兹涅茨曲线假设。库兹涅茨曲线假说认为环境污染与经济发展的长期关系呈现为"倒 U 形"曲线关系(Grossman、Krieger，1991)。据此，乐观主义者认为环境污染与特定的经济发展阶段联系在一起，环境污染是社会必须暂时承担的发展成本。随着经济发展和技术创新，环境问题将随之得以解决。在库兹涅茨曲线假说基础上，"追求增长"的赞成派认为更好的经济发展比环境友好的政策重要得多，获得适宜环境最好和唯一的方式就是变得富有(Beckerman，1992)。在战争、毒品、贫穷、失业这些严峻的问题面前，环境问题并不那么重要。既然经济增长是实现环境目标的基本手段，公共政策应该将其置于首位，环境问题将会因为经济发展而迎刃而解。

2. 政府干预论。

"政府干预论"与 Beckerman 等人主张"追求增长"的观点完全相左。自罗马俱乐部几位年轻的教授 1972 年发布《增长的极限》报告以来,"经济的增长不加以抑制将会导致环境的崩溃"的观点振聋发聩,单纯经济增长的唱衰之声不绝于耳。由此,政府应承担环境治理职能的主张者认为,富裕国家的环境在改善的同时贫穷国家的环境在恶化,这意味着库兹涅茨曲线并不是所有国家的发展路线(Roberts、Grimes,1977)。环境问题与收入水平的关系也可能呈"N"形、正"U"形等其他形状(Kaufmann、Davidsdottir、Garnham、et al,1998),空气污染、水污染、森林退化等具体领域的实证研究中,库兹涅茨曲线假说并没有被证实,且会导致政策误导(Winslow,2005)。此外,拐点也存在差异。因为环境污染的外部性以及环境保护的公共产品性质,控制污染应被视为政府的合法且必须承担的职能。基于此,越来越多的学者认为生态环境保护具有独立性价值,而不应简单将其作为经济发展的副产品。

3. 经济环境兼容论。

"经济环境兼容论"认为经济发展和环境污染并不是相互对立的关系,相反,生态环境保护与经济发展两者可以兼容。最为典型的当属"波特假设"理论。波特重点分析了德国、瑞士、日本与美国四个产品最具竞争力的国家,发现这四个国家不仅产品具有竞争力,而且生态环境质量也不错。通过探讨国家或地区环境质量与经济发展的兼容关系,波特挥笔写就著名论著《国家竞争优势》。在此基础上,波特与其合作者范德林德对大量企业开展案例研究,从微观的角度探讨和分析环境污染与产品竞争力的关系。两位教授研究发现,环境污染很大程度上是资源的浪费,减少污染能提高生产率与资源的使用率。事实上,环境规制与经济发展并不是简单的、一分为二的对立关系。"波特假说"认为严厉但设计合理的环境规制可以"触发创新",创新不仅能完全抵消合规成本,厂商和产品还会因此在市场上更具有竞争优势(Michael、Claas,1995)。"波特假说"

为人们重新认识生态环境质量与经济发展水平的关系提供了全新的视角，也给学者们以生态环境与经济发展可以协同的启发。

（二）"问题"之争对长江经济带生态环境保护研究的影响

受三种观点的影响，长江经济带生态环境保护政策问题的界定在不同时期有着不同的倾向。

1. 学者们关于长江经济带的研究逐渐聚焦于生态环境保护政策。从纵向的学术史来看，长江经济带生态环境保护政策研究经历了由被"忽视"到被"关注"的转变，也说明学术界对生态环境问题的认识发生了从经济发展的"副产品"到与经济发展并驾齐驱再到凌驾于经济之上的转变。从横向的研究领域来看，长江经济带相关研究主要集中在发展战略、产业发展、交通建设、区域经济、区域空间结构、区域协调与合作、地方与长江经济带关系、生态环境研究等领域（邹辉、段学军，2015）。其中，"可持续发展"和"生态环境"等关键字则是当前的研究热点（胡小飞、邹妍，2017），随着国家关于"绿色发展""高质量发展"等政策导向的提出，如何实现绿色、高质量发展成为新的研究热点。

2. 将长江经济带生态环境保护政策置于一个更大的研究范畴，强调生态环境保护需要与经济和社会发展协同才能推进。这也是学术界较为认可的流域生态环境治理模式。如赵琳琳、张贵祥以京津冀为研究对象，将京津冀生态协同发展视为由经济增长、社会发展、环境质量、生态健康、管治规则等子系统组成的复杂系统，并以此为基础架构生态协同发展模型（2020）。任保平、杜宇翔以黄河流域为研究对象，认为黄河流域生态保护和高质量发展的经济增长、产业发展与生态环境三者存在相互影响的耦合协同关系（2021），其中，经济增长是地区生态效率提高的重要动力，产业结构的高级化和合理化有利于实现地方生态环境优化。殷阿娜和邓思远在经济与社会子系统的基础上，强调科技创新子系统与生态环境子系统的交互作用，并据此创建绿色创新系统（2017）。

作为典型的流域，长江经济带生态环境保护政策也需要突破资源节约、环境优化等内生性范畴，通过向其他政策领域"借力"才能进一步推进和完善。如王维认为经济发展与生态保护的协调发展是区域可持续发展的热点，也是长江经济带发展的重点（2018）。张平淡和袁浩铭应用面板数据的 VAR 模型分析显示，生态文明建设水平与经济发展水平呈现出正相关关系，生态文明建设能与经济社会高质量发展实现融合与共赢（2019）。

二、长江经济带生态环境保护的对策研究

如果说问题是学术研究的逻辑起点，对策则是学术研究的归宿。长江经济带生态环境保护的对策有着深厚的理论基础和政策工具研究途径。

（一）长江经济带生态环境保护政策的理论基础

环境政策和工具经历了一系列的变革，形成了三次浪潮及相应的理论支撑和政策主张（罗小芳、卢现详，2011）。第一次浪潮奉行环境干预主义，其代表人物庇古、加尔布雷思、米山、鲍莫尔和奥茨等人主张采用控制命令的手段促成企业等其他社会主体采取积极的环境行为（林伯强、邹楚沅，2014），即政府通过制定环境质量标准、法律规定或禁令限制人们破坏环境的行为。第二次浪潮奉行市场环境主义，其以庇古的福利税和科斯的交易成本理论为理论支柱主张基于所有权的市场调控机制采用污染税（费）、交易许可证、环境补贴等政策工具促使外部行为内在化达到实现环境保护的目的（Vinish，2006）。但是，市场环境主义开出的药方中似乎面临着无法逾越的技术障碍：环境"产权"很难找到边界以至于产权难以清晰界定，协议自然无法顺利达成。第三次浪潮以埃莉诺·奥斯特罗姆自主治理理论为基础，认为资源使用者的自主治理能保障自然资源的可持续利用和发展（罗小芳、卢现详，2011），公共政策制定者应该从利益相关者的合作与补充中确定政策边界并推进制度创新。如果说环境干预主义和市场环境主义循着技术治理与创新思路的话，那么自主治理理论还强调社会制度建设。正是由于这三种主张分别具有的苛责前提和效果的有

限性，由此，三种主张在实践中体现出历时性和共时性。各国政府也往往实施多元政策组合开展生态环境治理。

（二）长江经济带生态环境保护政策工具的相关研究

鉴于长江经济带生态环境保护政策工具研究可划入生态环境保护政策工具研究领域，本书从视野更大的生态环境保护政策工具研究着眼。发展经济学、环境经济学、公共政策学等学科的发展为如何开展生态环境治理提供了营养和灵感。在控制命令、市场环境主义和自主治理理论等思想导向下，关于如何开展生态环境治理的已有研究集中于类型学的归纳和总结上。如果说政策工具是政策问题与政策目标之间的桥梁，是对如何开展生态环境治理的学术界定，那么生态环境治理政策工具的类型学研究较好地梳理了生态环境治理的途径与手段。关于生态环境政策工具的分类，基于不同的维度，分类结果也有所差异。

1. 政策工具的类型学研究。

国外关于政策工具的探讨开辟了一条具有前景的研究途径，为生态环境保护政策工具的研究提供了启发。国外学者比较有代表性的有施耐德和英格拉姆，他们将政策工具分为权威性、诱因型、能力型、象征及劝说型、学习型五种类型（1990）；麦克唐纳尔（M. Mcdonell）和艾莫尔将政策工具分为命令、激励、能力建设和系统变化工具四类（1987）；加拿大学者豪利特和拉米什以政府介入程度对政策工具进行了 0 到 10 的连续光谱划分并进一步总结为强制型、混合型和自愿型三种类型（2006）。

2. 生态环境治理政策工具的已有研究。

接续政策工具的研究途径，学者们对生态环境治理领域的政策工具进行了探讨。国内学者可谓成果颇丰。如李翠英以直接性为维度，把中国环境政策工具分为直接性与间接性政策工具两大类（2018）。王惠娜从政策变迁的动态性视角考察生态环境政策工具，认为环境政策工具有"新旧"之分。其中，"旧"政策工具指以命令—控制为特征的管制型政策工具，"新"政策工具包括基于市场的工具、自愿性工具及信息类工具（2012）。

此外，学者们还集中探讨了具体政策工具。如甘黎黎重点探讨区域生态环境治理中的市场性政策工具（2015）；韩晓莉强调了环境治理中信息型政策工具的元工具性地位和重要性，并将信息型政策工具依据不同性质划分为科学管理工具和协同管理工具（2015）。

基于政策工具的研究途径，肖芬蓉等对长江经济带生态环境保护的政策工具及其子类型进行了划分，并对比央地之间和地方政府之间在政策工具选择上的差异与相似，提出政策协同的必由之路（2020）。李强和王亚仓认为环保立法、生态补偿和环保约谈等政策及其组合有利于推进长江经济带的环境治理（2022）。

总体而言，围绕环境治理的三种理论基础，国内外学者关于生态环境保护的对策具体化为各种政策工具，为本书奠定了坚实的理论基础，也为长江经济带生态环境保护的政策制定提供了启发。

三、长江经济带生态环境保护政策分析与评价的相关研究

长江经济带生态环境保护政策分析与评价研究主要有三种途径。

（一）基于生态环境治理绩效的政策分析与评价

生态环境问题具有外部性、复杂性特征，政府在生态环境治理中往往发挥着主导性作用，公共政策成为影响生态环境治理绩效的关键变量。由此，通过生态环境治理绩效反观并对相关政策进行评价是现有研究的主要途径之一。国内外关于生态环境治理绩效相关的指标体系研究较多。如美国耶鲁大学和哥伦比亚大学联合提出环境可持续发展指数（Environmental Sustainability Index，简称 ESI）。联合国可持续发展委员会提出了可持续发展指标体系，即包括社会、环境、经济和机制四个维度的评价框架。

国内与生态环境治理绩效相关的评估指标体系主要集中于生态文明建设及其评价。如 2013 年环境保护部制定的《国家生态文明建设试点示范区指标（试行）》。北京林业大学生态文明研究中心课题组研究建立了中国生态文明建设评价指标体系（简称 ECCI）。国家发展改革委、国家统

计局、环境保护部等部门制定印发《生态文明建设考核目标体系》，为生态文明建设绩效评价提供依据。此外，贵阳和浙江根据自身实际分别制定了《贵阳市建设生态文明城市指标体系》和《浙江生态文明建设评价指标体系》，将评估体系进一步精细化和具体化。此外，樊胜岳、陈玉玲和徐均从公共价值的角度出发构建了过程与效果相结合的生态建设政策绩效评价指标体系（2013）。

在生态环境保护绩效评价、生态文明水平评价等研究的基础上，学者们针对长江经济带生态环境保护绩效也作了探索。如孙欣、宋马林在已有关于生态文明评价基础上构建了长江经济带生态文明建设综合评价体系（2019）。黄磊和吴传清从环境质量、生态效率和绿色全要素生产率三个维度对长江经济带生态环境绩效进行评估（2018）。陈明华等采用 MinDS 模型，从投入产出视角测度长江经济带城市生态效率水平（2020）。

（二）基于生态环境保护政策内部要素的政策分析与评价

基于政策内部要素的政策研究，研究对象是政策内容本身，可以由研究对象本身来保证内容效度（张振华、张国兴等，2020）。现有研究提炼的政策要素主要包括政策效力、政策目标、政策主体、政策工具等。如王洛忠和张艺君从政策主体、政策目标和政策工具三个方面对新能源汽车产业政策协同问题展开研究（2017）。

从协同视角对政策内部要素进行评价成为逐步兴起的研究领域之一。此类政策评价通过提炼政策文献中的信息要素，进一步构建评价指标的方式对要素间的协同或政策效力大小进行评价。如 Hughes 开发了医疗政策协同的评价指标，从八个方面评价澳大利亚医疗政策协同状况（2013）。张蕾等从政策力度和政策措施两个维度对新能源汽车政策和相关部门的协同及演化进行分析（2020）。

（三）生态环境保护相关政策之间比较的分析与评价

一个政策并不是孤立存在的，其制定与执行会受到相关政策的影响与制约。由此，学者们通过相关政策的比较作为考察和评价政策的研究途径

之一。如 Goel 和 Hsieh 对 OECD 成员国环境政策和技术政策进行分析
(2006)。赵筱媛、浦墨等采用对比类推法判断目标政策与标杆政策存在
的差异和共性，基于此评价政策措施的优劣，并预测同类政策的发展态势
(2014)。

总体而言，已有关于长江经济带生态环境保护政策问题、对策和评价
等方面的研究为本书考察长江经济带生态环境保护政策问题奠定了良好的
理论基础。

四、文献述评

已有研究为实现长江经济带生态环境保护政策的科学化、解决生态环
境问题以及突破行政区行政藩篱提供了有效参考。但从整体和纵深看，现
有研究在研究主题、研究内容和研究方法上可以引入新的思路和分析框
架，以进一步地拓展和深入研究长江经济带生态环境保护的政策协同。

**（一）长江经济带生态环境保护政策的研究主题对"协同性"重视
不够**

经过多年努力，长江经济带生态环境保护取得了较大成效。但是，生
态环境保护属于非一朝一夕所能解决的棘手问题。长江经济带生态环境治
理进入深水区，治理难度也越来越大。环境治理政策组合势必成为长江经
济带生态环境保护未来一个阶段的主要路径（李强、王亚仓，2022）。已
有研究对于长江经济带生态环境保护政策的领域、工具和效应的探讨和研
究往往针对具体某一领域、某一类政策工具及其效应，缺乏综合考察生态
环境不同领域之间、政策工具之间及其协同效应。而从协同视角完善长江
经济带生态环境保护政策至关重要。首先，协同治理在跨域性问题解决实
践中已有诸多尝试，对推进长江经济带生态环境保护的重要性不言自明。
已有关于长江经济带生态环境保护的学术研究缺乏协同视角，特别是以协
同视角审视、考察和评价政策的研究较为缺乏。其次，生态环境协同治理
内容有必要兼顾宏观和微观领域。从已有研究来看，诸多学者，特别是西

方学者多从微观、具体领域入手，如草地、森林、牧场等单一方面研究生态环境协同治理问题。这种研究领域的具体化固然有利于提出针对性的政策建议，但也可能造成"只见树木，不见森林"的后果。此外，政策本身是一个"系统"，生态环境保护各领域的具体政策具有相互依赖性、结构性和层次性。由此，本书将研究主题确立为生态环境保护，研究的情境确定为长江经济带，力图使得研究具有理论高度，又能为解决现实问题提供思路。

（二）长江经济带生态环境保护政策的评价研究局限于某一方面或者某一环节，不够全面和深入

已有关于政策评价的研究较为丰富，但从全过程协同视角展开研究不多。由此，长江经济带生态环境保护政策的评价研究存在诸多值得挖掘的方面。一是对于政策主体所形成的合作关系和协同行为考察不够，没有充分应用政策网络理论和社会网络分析工具，不利于描绘长江经济带生态环境保护政策议题中政策主体关系。二是协同除了强调相关政策之间需要具有一致性、减少冲突，还强调政策内部要素的协同。已有研究较少"扎根"于海量政策文献并开展政策内容分析，这并不利于考察政策内部要素协同，难以揭示政策的内容调适。三是已有研究从"能力"视角考察和评价政策较少。相较于政策主体和政策内容的研究视角而言，政策能力是一个具有整合性的概念，已有研究缺乏深入探讨。本书通过构建复合系统及其子系统，将政策能力和生态环境保护系统化为生态环境保护政策的两个子系统，并以此评价长江经济带生态环境保护政策不失为一个新的思路。

（三）长江经济带生态环境保护政策研究更多采用生态环境治理绩效的实证方法，采用政策文献法、内容分析法等研究方法不多

研究方法服务于研究主题和研究内容。已有关于长江经济带生态环境保护政策的研究多应用生态环境治理绩效和生态文明水平的测算，反观具体政策并对政策进行评价的方式。这种实证研究方式固然能反映政策有与

无、政策指标的量化水平，但脱离具体政策内容难免容易遗漏政策内容中的重要信息。从某种程度上而言，在具有科学严谨性的评估过程中，人们由测量绩效变成痴迷于测量本身，这会持续威胁人类生活的品质和最重要机构的表现。政策文献量化研究方法以政策文献本体为研究对象，能在一定程度上弥补指标测量的缺陷，尤其独到的描述性分析空间，被认为是一种"黑箱"技术（黄萃、任弢等，2015）。而在已有关于长江经济带生态环境保护政策研究中，政策文献量化研究方法运用较少，由此难以解读政策目标、发现政策工具选择组合状况、揭示政策力度变化等内在特征，也难以挖掘政策差异、府际关系等外在结构要素信息。

五、本书数据来源

数据是学术研究的重要组成部分，其持续性和准确性直接影响学术研究的科学性。围绕长江经济带生态环境协同保护政策的研究对象，本书的数据来源主要包括政策文献、地方日报和统计年鉴等。

（一）政策文献

政策文献数据主要来源于北大法宝、各级政府及职能部门门户网站。具体而言，本书在检索北大法宝法律数据库基础上，结合国务院门户网站、生态环境部门户网站、地方政府相关网站进行比对、核验、补充，力求数据的准确性和完整性。

为确保政策文献数据的准确性、针对性和代表性，本书以 1978 年 1 月至 2021 年 12 月为时间区间，选择了党中央及中央机构、国务院及各部委、省级政府及其职能部门等政策主体颁布的有关长江经济带生态环境保护的相关文献为数据来源。数据收集时，本书分别以"长江经济带""长江流域""长江"为主题词和标题内容从北大法宝法律数据库进行检索，并结合国务院及其职能部门门户网站、地方政府及其职能部门等相关网站进行比对、核验、补充。根据政策内容进行筛选后，删除与生态环境保护无关的便函、批复等非正式文件。经过筛选和整理，最终获得 307 件政策文献，其中中央层面文献 164 件，11 个省市的文献 143 件。政策文献所包含的数据信息有政策名称、发文时间、发文单位、效力级别、法规类别以及政策全文。

（二）地方日报

为更好地描述政策主体间关系，本书主要利用了地方政府的日报数据，主要来源于读秀知识库、地方政府日报电子版。

（三）统计年鉴

围绕从协同视角对长江经济带生态环境保护政策展开评价这个研究主题，本书研究初衷是对长江经济带概念提出以来地方政府在生态环境保护状况和地方政府政策能力方面进行现状测评。数据主要来源于《中国环境统计年鉴》《中国年鉴》、当年所属省市统计年鉴、所属省市统计公报、政府工作报告、环境状况公报以及当地统计局网站等公开数据。在数据获取中，同一指标基于同一口径获取数据，以免造成误差影响最终结果。此外，由于数据不可得导致的部分缺损值用其临近年份数据或多年平均值代替。

第二章 长江经济带生态环境保护政策
研究理论基础与核心概念界定

长江经济带生态环境保护政策涉及多部门、多区域、多层级，属于典型的跨域性问题。系统论、协同治理理论和政策协同理论为跨域性问题的解决提供了思路和理论基础。具体而言，长江经济带生态环境保护政策是一个系统，与行政环境有着交流，政策内部要素具有动态性、系统性、相互依赖性、结构性。因此，本书的概念界定和分析框架基于系统论、协同治理理论和政策协同理论而确定。

第一节 理论基础

一、习近平生态文明思想

习近平总书记高度重视生态环境问题。在把握生态文明建设重要地位和战略意义的基础上，以习近平同志为核心的党中央大力推动生态文明理论创新、实践创新、制度创新，形成了习近平生态文明思想。作为党中央治国理政实践创新和理论创新在生态文明建设领域的集中体现，习近平生态文明思想中的绿水青山就是金山银山理念、人与自然和谐共生理念和系统思维为长江经济带生态环境保护提供了根本遵循和行动指南。

（一）"绿水青山就是金山银山"理念

习近平生态文明思想中的"绿水青山就是金山银山"理念在学术界

也经常被简称为"两山论"。具体而言,"金山银山"狭义指物质财富创造,广义指以物质条件为基础的一切社会生活条件。"绿水青山"喻指人民生产生活所依赖的生态物质条件。"金山银山"与"绿水青山"反映的是人与自然的关系,是对社会经济发展与生态环境保护关系的精准总结和形象概括,凸显了生态价值的独立性和重要性。从历史的角度纵向考察,"两山论"也反映了经济发展方式和财富观念的变化。在很长的历史时期,经济发展与环境保护的关系呈现为不可兼容的特征,物质财富的创造以牺牲生态环境为代价,导致生态恶化和环境污染。但是,经济增长与环境保护对立的逻辑至少存在两个方面的缺陷:其一,传统经济发展是一种线性发展模式——"资源—产品—废弃物",将环境保护简单地理解为通过末端治理的方式来修复环境问题。其二,传统经济发展模式把环境看作生产力的外在要素,经济的增减与环境质量无关。"两山论"重新界定了经济发展与生态环境的关系,认为两者在一定的条件下是一个辩证的统一体。在长江经济带高质量发展的征程中,"共抓大保护,不搞大开发""生态优先,绿色发展"秉承"两山论"的中心思想明确了生态价值的本质,体现了人类对生态价值认识的回归。

从理论上而言,"两山论"为长江经济带实现绿色发展奠定了理论基础。毋庸置疑的是,"绿水青山"的自然资源禀赋不会自动生成"金山银山",需要探索由生态资产存量向生态资本增量转化的路径、疏通"两山"之间的转换通道①。生态环境资源具有公共物品和私人物品的双重属性,而成为可交易的市场产品或服务是"绿水青山"成为产权拥有者的"金山银山"的先决条件。基于此,产权、交易和规制等制度的构建是"两山"转化的关键。因此,"两山"之间的转换应从"保护机制、转化机制、产业政策和实现路径"的"四位一体"思路

---

① 王金南、苏洁琼、万军:《"绿水青山就是金山银山"的理论内涵及其实现机制创新》,《环境保护》2017 年第 11 期。

展开①。从这个意义和逻辑来讲，"两山论"在"何以可能"和"何以可为"两个基本问题的回答上给出了令人信服的答案。长江经济带"共抓大保护，不搞大开发""生态优先，绿色发展"发展路径的确立正是"两山"理论的路径与方向。这种路径和方向也使得"两山论"并不是停留在理念宣传阶段，也意味着"两山论"进入到制度建设的实质层面。

在实现经济发展与保护生态环境双赢的目标指引下，"两山论"的实现路径为长江经济带高质量发展提供了实践指导。"两山论"的浙江经验为长江经济带绿色发展提供了政策学习的样本。浙江作为长江经济带的重要省份，在绿色发展中起到了先锋作用。从较大范围来看，浙江省制定和实施绿色发展战略、创新生态扶贫方式、落实生态补偿机制、制定领导干部绩效评价体系、实施任期生态保护责任制、实施全省"河长制"等，增强了生态治理能力②。从微观视角来看，浙江余村从"靠山吃山"的灰色矿山经济到用山养山的"绿色生态经济"，经历了从抛弃"金山银山"的"十字路口"到重拾"绿水青山"的"康庄大道"，走上了社会经济发展与生态环境保护双赢的绿色发展之路，成为微观村庄践行"两山"理论的典型样本。从长江经济带绿色发展的范畴来考察，浙江经验无疑为一种政策创新，成为长江沿岸走绿色发展之路的典型样本。

综上所述，习近平生态文明思想中的"两山论"为长江经济带"共抓大保护，不搞大开发""生态优先，绿色发展"的根本政策遵循奠定了理论基础和实践指南。

（二）尊重自然、顺应自然、保护自然的科学自然观

将保护自然与尊重自然、顺应自然整合在一起，成为一个基本理念，

---

① 黄祖辉：《"绿水青山"转换为"金山银山"的机制和路径》，《浙江经济》2017年第8期。
② 卢宁：《从"两山理论"到绿色发展：马克思主义生产力理论的创新成果》，《浙江社会科学》2016年第1期。

最早出现在党的十八大报告。随后，习近平总书记在广东考察时再次重申"尊重自然、顺应自然、保护自然的生态文明理念"。在此后多次的讲话和贺信中，习近平总书记反复强调和阐发了这一理念，认为"人与自然是生命共同体，人类必须尊重自然、顺应自然、保护自然"[①]。党的十九大通过的新党章则明文规定，要"树立尊重自然、顺应自然、保护自然的生态文明理念"。尊重自然、顺应自然、保护自然的科学自然观由此逐渐完善和成熟。

尊重自然、顺应自然、保护自然的自然观有着深刻的时代背景。在新的时代条件下，中国发展面临着资源约束趋紧、环境污染严重、生态系统退化等严峻形势。面对形势提出了新要求，即要通过工业文明向生态文明的转变，实现人与自然的和谐相处。为此，习近平总书记反复倡导树立和践行尊重自然、顺应自然、保护自然的理念。尊重自然，是人与自然相处应秉持的首要态度，它要求人对自然怀有敬畏之心、感恩之心、报恩之心，尊重自然界的存在及自我创造，绝不能凌驾在自然之上；顺应自然，是人与自然相处时应遵循的基本原则，它要求人顺应自然的客观规律，按照自然规律来推进经济社会发展；保护自然，是人与自然相处时应承担的重要责任，它要求人向自然界索取生存发展之需时，主动呵护自然，回报自然，保护生态系统。习近平总书记明确指出，人与自然是生命共同体，人类对大自然的伤害最终会伤及人类自身，这是无法抗拒的规律。人类必须尊重自然、顺应自然、保护自然。只有这样，才能有效防止在开发利用自然上走弯路。

习近平生态文明思想中的自然观为长江经济带生态环境保护的"生态优先"提供了理论依据，对关于"经济发展与环境保护孰轻孰重"的问题给予了明确回答。由此，推动长江经济带发展，前提是坚持生态优先，把修复长江生态环境摆在压倒性位置，逐步解决长江生态环境透支问

---

① 《习近平谈治国理政》（第三卷），外文出版社 2020 年版，第 55 页。

题。在这里，共抓大保护和生态优先讲的是生态环境保护问题，是前提；不搞大开发和绿色发展讲的是经济发展问题，是结果。"共抓大保护，不搞大开发"侧重当前的策略方法；"生态优先，绿色发展"强调未来和方向路径，彼此是辩证统一的关系。

（三）生命共同体的系统性和协同性思维

从系统工程和全局角度寻求解决之道是习近平生态文明思想的重要内容。生态保护和环境治理是"牵一发而动全身"的系统工程，不只是环保局、生态脆弱地区、环境污染重地等某一领域、某一区域的公共事务，而是涉及经济、政治等多领域以及多部门、多区域的复杂事务。因此，"不能再是头痛医头、脚痛医脚，各管一摊、相互掣肘，而必须是统筹兼顾、整体施策、多措并举，全方位、全地域、全过程开展生态文明建设"①。落实生态保护和环境治理需要采用行政、经济、技术等多种手段，充分调动各方力量长期努力。针对长江经济带高质量发展，习近平总书记明确指出，"加强协同联动，强化山水林田湖等各种生态要素的协同治理，推动上中下游地区的互动协作，增强各项举措的关联性和耦合性"②。

习近平生态文明思想中的系统性和协同性思维为长江经济带生态环境保护提供了启发。促进跨区域协同联动是开展生态文明建设的重要抓手。党的十八大以来，长江经济带高质量发展、黄河流域高质量发展等跨区域性重大决策的出台无一不强调生态文明建设的重要性，无一不强调共同抓好大保护、协同推进大治理的思路。由此可见，习近平生态文明思想中的系统性和协同性思维为长江上中下游政府间关系提供一种激励约束机制，通过设计跨区域共建共治共享等协同联动机制来推动长江经济带生态环境保护。

---

① 《习近平谈治国理政》（第三卷），外文出版社 2020 年版，第 351 页。
② 中共中央党史和文献研究院编：《习近平关于治水论述摘编》，中央文献出版社 2024 年版，第 114 页。

总体而言，习近平生态文明思想中的"两山论"，所蕴含的整体性、系统性、协同性思维为长江经济带生态环境保护指明了方向，为回答"为什么"和"怎样"开展长江经济带生态环境保护奠定了理论基础。

二、系统论

自 20 世纪 40 年代生物学家贝塔朗菲提出了一般系统论以来，现代系统论已发展出耗散结构论、协同论、超循环理论等若干分支。"一般系统论"和"现代系统论"原理及主要观点能为长江经济带生态环境保护政策的评价分析提供方法论和研究思路。

（一）系统理论为政策主体分析奠定理论基础

"一般系统论"的重要理论成果之一为相关性原理。相关性一方面表现为系统内部要素之间的相互影响、相互作用；另一方面表现为系统与外部环境发生着物质、能量和信息的交流，系统引起环境的变化称为系统的功能。

政策主体呈现出多元化特征，一个政策主体的行为和意愿会影响到另一相关主体的行为选择，符合相关性原理。长江经济带生态环境具有外部性、流动性和跨域性，如果政策主体不具备合作意愿、缺乏合作行为，长江流域生态环境容易沦为"公用地悲剧"。此外，长江经济带地方政府之间还存在竞争关系，存在"环境竞次"和"环境竞优"行为。显然，"环境竞次"和"环境竞优"并不利于长江经济带生态环境问题的解决。

由此可见，政策主体之间具有相关性，政策主体各方是采取合作还是竞争在很大程度上会受到其他政策主体意愿和行为的影响，由此直接影响生态环境能否得到改善。

（二）系统理论为政策内容调适研究提供理论支撑

"一般系统论"的重要理论还包括动态性原理。动态性意味着系统并不是一成不变的，而是随着系统环境的变化调整内部关系、结构、性质，以使系统优化和存续。动态性原理为政策内容调适研究提供了理论支撑。

政策要素及其协同的变迁在很大程度上体现了政策的动态性。具体而言，政策要素主要包括政策效力、政策目标和政策工具等，要素之间是否协同直接影响政策效果。政策不是一成不变的，它会根据政策环境需求调适政策系统内部要素以实现政策系统内外部平衡。基于动态性原理，本书对于政策内容调适的考察主要通过政策要素及其协同的变迁来呈现。

（三）系统理论为政策能力分析提供理论基础

现代系统论综合了一般系统论的新发展成果。与一般系统论关注整体不同，现代系统论更关注整体与部分的关系问题。如由美国学者霍兰（John Holland）提出的"复杂适应系统"（CAS）理论，认为系统演化的动力主要来自系统内部。"复杂适应系统"理论赋予了系统新的内容和含义，为学者们认识现实生活中的复杂系统提供了路径和方法论基础。

"复杂适应系统"（CAS）理论为政策的"能力论"提供了理论支撑。"能力论"认为政策具有一种内生能力，强调政府主体能弥合政策环境需要和自身资源不够的缺口，通过具有主动性、权变性和能动性的调适以满足政策环境需要。这种观点与"复杂适应系统"（CAS）理论较为契合。

总体而言，不论是一般系统理论，还是现代系统理论，为人们认识和研究生态、社会、经济、管理等复杂系统提供了剖析思路及方法论。本书也从系统理论获得研究思路与灵感：围绕政策评价的研究主题，从系统的角度审视长江经济带生态环境保护政策的内外部环境及其关系；考察生态环境保护政策系统内部结构、要素和能力。

三、协同治理理论

20世纪70年代，德国学者赫尔曼·哈肯提出协同理论，由此开创了协同学研究先河。基于系统的复杂性、开放性，协同理论认为在一定条件下，子系统通过相互作用使系统形成自组织结构；经过自组织有序化程度不断增加，系统从无序状态转变为有序状态①，由此产生协同。"协同"概念揭示了系统演化中协同现象的客观性、科学性和普遍性。探索系统中协同的产生机理和一般规律，成为打开系统"黑箱"的重要思路和途径。随着治理理论和实践的崛起，协同理论和治理理论逐步融合并被引入公共管理领域，获得了越来越多学者的关注和青睐。协同治理是它的最新进展，具有较强的包容性、解释力和指导性，为本书核心概念的界定和分析框架的确立提供了理论基础。

（一）协同治理理论契合长江经济带生态环境保护的实践需求

长江经济带生态环境问题发生在不同地域之间（9省2市），不同区域既具有一般环境问题的共同特征，又表现出其特有的个性。一方面，长江经济带生态环境保护既包括环境污染治理，又涵盖生态修复等多领域，具有复杂性、公共性、外部性、整体性、流动性等一般环境问题的共性；另一方面，长江经济带生态环境保护面临行政区划的分割和信息流动的障碍，这不仅会降低生态环境问题的被觉察程度，而且极易产生"公用地悲剧"进而影响环境问题能否得到解决。此外，长江经济带不同地方的生态环境治理在理念和能力上具有不均衡性，这种不均衡性会直接影响生态环境的治理效果。由此看来，长江经济带生态环境问题的破解需要借助利益相关者的协同形成合力，协同治理理论契合这种实践需求。

（二）协同治理理论能有效回应长江经济带生态环境保护

跨域生态环境协同治理是将协同治理理念引入跨域生态环境治理的实践。作为治理模式的拓展与创新，协同治理理论包含地理、组织和综合的视角，具有较强包容性，能有效回应长江经济带生态环境问题。

地理空间视角下的协同治理侧重研究一定地理空间和行政区域内地方

---

① ［德］H. 哈肯：《高等协同学》，郭治安译，科学出版社1989年版，第70页。

（一）基于政策学视角的政策协同研究——状态论

状态论指为了达到协同理论中的协同效应，某些政策以一致性和互补性方式存在，是政策制定和执行的一种理想状态。如 Peters 将政策协同定义为政策的一种有序状态（1998）。Boston 认为协同具有以下特征：避免重叠和不一致、寻求一致性和一致同意的优先次序、减少冲突、促进整体性、以"整体政府"视角代替狭隘的部门观念（1992）。这种视角的政策协同强调政策要素、政策子系统之间相互协调，形成大于单独子系统简单相加的系统功能。总体而言，状态论的政策协同秉持这一观念：公共政策的制定和执行过程体现了致力于实现共同的目标和公共价值，行动者调整政策并使其相互一致。

（二）基于政策过程理论的政策协同研究——过程论

过程论则强调政策协同中政策要素相互配合的动态过程，强调议题的利益相关者通过制定制度或利用现有规则解决共同问题的过程。如 Camarero 和 Tamarit 等认为政策过程中存在冲突或竞争，协同是冲突方或竞争方谈判、妥协的结果，也是解决冲突的有效途径（1995）；Kim 发现政策环境是动态的，政策也会因为环境变化而不稳定，为维持政策的稳定性，政府应该采取协同手段（2003）；Huges 等认为协同是为实现同一个目标的同步过程（2013）。

如果说政策协同的状态论是基于协同理论在政策复杂性情境中的愿景，那么，过程论则探索了政策协同的可行性，特别分析了冲突的可能及其价值。或者说，状态论认为政策协同的前提条件是确定政策目标，即确定优先事项。这种思路来源于理性主义的决策模型，即通过阐明目标的轻重缓急并通过控制和等级制度来实施战略计划。在这里，最主要的问题是确定目标，找到达到目标的方式，然后通过协同行动和产出实现目标。这种模型适合于目标明确、产出可以高精度测量的领域。但是，这些条件并不存在于公共政策领域。在现实中，公共决策者经常会发现最主要的问题不是你想去哪里，而是经常会出现意想不到的问题，包括新的价值观和社会新需求。Painter 曾经形象地描述这种状况，"当你坐下来试图决定你想去哪里时，你会发现你想要在许多不同且相互矛盾的方向上同时前进"①。在这个意义上，没有任何问题能"最终解决"，政策协同是一场持续的冲突。这是一个过程，而不是一个目标。在决策过程中，不同议题之间的重叠、不一致和冲突是决策者要始终面临的问题。因此，协同原则不是要追求政策完美和谐的目标，而是致力于管理冲突、实现程序价值。由此可见，基于行政学视角的过程论将政策协同置于一个变动的行政环境中，冲突、竞争、合作、协作、协商的应对成为其常态。学者们给出的"过程论"为进一步探究政策协同提供了新的视角，也为本书提供了思路。

（三）基于整合视角的政策协同研究——能力论

事实上，无论是基于状态的认知，还是动态的视角，"政策协同"概念本身是复杂性、多维性客观要求的表述。为了增强政策协同的解释力、发展一个具有张力的概念体系，越来越多的学者尝试整合分歧。

能力论认为政策协同是政策系统的一种内生能力。Metcalfe 指出，政策协同能力能减少碎片化，使政策具有系统性，其整体绩效优于部分之和（1994）。Matei 和 Dogaru 也认为，政策协同是一种能力，这种能力使公共政策具有战略性和一致性（2012）。

为更好地描述政策协同能力，西方学者开发了政策协同量表来测量具体的政策协同水平，进而拓展其描述性和规范性功能。如 Braun 基于政策协同过程和水平制定了政策协同水平的 Guttman 量表，将协同分为无协同、消极协同、积极协同、政策整合和战略协同（2008）。在 Guttman 量表的基础上，Metcalfe 重点关注部门间政策协同，基于组织间视角，关注了外部关系的内部管理。Metcalfe 认为协同不能简单地判断行动者有无协同行为，还应更准确地描述它们的协同效果差异与相似之处。由此，以能

---

① Painter M. , "CENTRAL AGENCIES AND THE COORDINATION PRINCIPLE", *Australian Journal of Public Administration*, Vol 40, No. 4 (December 1981), pp. 265–280。

力为维度，Metcalfe 开发出了 Metcalfe 量表（1994）。Metcalfe 量表详细地区分了协同水平，从而能够更好地分析政策协同的"强度"和特点。Metcalfe 量表对协同设置了一个逻辑顺序，使得不同成员之间的协同能力差异更准确地识别出来。依据量表，政策主体可以找出协同中的弱点，并制定针对性的补救措施。

总体而言，如果说状态论基于一种理想主义，从公共政策学的角度刻画了政策协同的结构和状态，其界定具有规范性价值；过程论从行政管理学的动态视角探讨了政策协同的可能性问题，扩展了其分析性价值；那么，能力论则从整合的视角深化了其描述性价值，这也使得政策协同理论更具现实指导意义。

已有关于协同治理的研究既提供了新的治理范式，也给区域公共事务的解决提供了分析框架和实践方向。部分区域内环境协同治理实践的效果也表明，协同治理是破解区域环境问题的一剂良方。作为协同治理理论在政策理论和实践领域的深化和拓展，政策协同的状态论、过程论和能力论为本书关于政策评价提供了分析维度和思路。

第二节　核心概念界定

一、长江经济带

作为区域治理的新形式和新热点，长江经济带具有流域的一般性特征。从自然地理的角度考察，流域（River Basin）是指以河流为纽带、被分水岭所包围的河流地面及地下集水区。从社会经济发展的视角来看，流域是对河流进行研究、开发和治理的基本单元。长江经济带作为流域的典型形式，既具有自然地理的流动性、整体性特征，也存在社会经济发展的价值、问题和瓶颈。

从概念的缘起考察，1984 年陆大道提出长江沿岸产业带，学术界普遍认为这是长江经济带概念的缘起。随后学者们多应用"长江产业带"的概念，也有学者采用"长江经济带""长江沿岸""长江流域"等相关概念。2014年9月国务院印发《关于依托黄金水道推动长江经济带发展的指导意见》，至此国家政策层面和学术层面的长江经济带概念正式形成。即长江经济带以长江为纽带、以沿岸地区及重点城市为核心区域，是具有整体功能的经济聚集带，也是依托长江流域自然、人文、社会、经济的综合体。

事实上，由于不同发展阶段的社会经济发展战略侧重点不同，长江经济带的地理空间范畴存在差别。2014年之前，基于长江流域对经济发展的促进作用，长江交通功能突出，长江流域美其名曰为"黄金水道"。长江经济带的空间范围被定义为"7+2"，即上海、江苏、安徽、江西、湖北、湖南、云南、四川和重庆。随着生态环境保护等跨域性问题的凸显，生态取代了经济发展的优先地位。长江经济带强调资源开发的流域概念逐渐为区域概念所取代，学界也认为并非靠近长江就属于长江经济带，不靠近长江就不属于长江经济带范畴。基于此种考虑，2014年，长江经济带的范围从"7+2"扩大到"9+2"，增加了浙江和贵州两省。值得一提的是，伍新木认为目前长江经济带"9+2"范围只局限于长江干流，长江的源头、支流、人工河渠等形成生态系统的大流域并未囊括其中，这没有很好地观照生态系统的整体性，由此提出"泛长江经济带"的概念（2015）。"泛长江经济带"范围覆盖东、中、西三条纵线和河海流域、黄河流域、长江流域、珠江流域四横的三纵四横大流域，在目前"9+2"省市基础上还包括青海、陕西、西藏、广西、河南、河北、山东、北京、天津等省份。

为了与《长江经济带生态环境保护规划》《长江岸线保护和开发利用总体规划》《关于加强长江经济带工业绿色发展的指导意见》等政策文件相一致，本书将长江经济带限定为"9+2"的范围（见表2-1）。

表 2-1 2023 年长江经济带社会与经济基本情况（部分）

	重庆	四川	贵州	云南	江西	湖南	湖北	安徽	江苏	浙江	上海	合计
总人口（万人）	3191	8368	3865	4673	4515	6568	5838	6121	8526	6627	2487	60779
生产总值（亿元）	30145.80	60132.90	20913.30	30021.10	32074.72	50012.90	55803.60	47050.60	128222.20	82553.20	47218.70	584149.20
森林覆盖率（%）	43.11	38.03	43.77	55.04	61.16	49.69	39.61	28.65	15.20	59.43	14.04	447.73
突发环境事件情况（次）	3	4	2	2	10	5	4	15	9	/	/	54

资料来源：《中国统计年鉴》（2024 年）

二、生态环境保护

关于生态环境，学术界存在不同的看法，存在是否应将"生态"和"环境"分开的分歧。第一种观点认为生态环境是一种人类所期望达到的自然状态，"生态"和"环境"不应当分开，与生态和环境有关的环境污染、生态保护和修复都应该包括在"生态环境"内（甘黎黎，2015）。第二种观点认为"生态"和"环境"应当分开，两者不能混为一谈。如杨洪刚认为环境治理包括环境污染控制和生态保护两方面的内容（2016）。但是，环境污染控制和生态保护涉及不同的政策工具，难以在一个统一的分析框架内驾驭。鉴于生态和环境涉及的政策主体职能相近、相互联系甚至重叠，也考虑到长江经济带上中下游会同时存在生态保护和环境污染治理这两方面的议题，本书将生态环境放到一个统一的框架内，重点探讨环境污染治理和生态保护问题。

进一步地，生态环境应对之策有"生态环境保护"和"生态环境治理"等常用提法。相比较而言，两个概念都强调生态环境的重要性。但从主体来讲，两者又存在差异。作为问题，生态环境具有公共性、外部性特征，"私人"可能既没有能力也没有意愿独立承担责任，政府由此成为重要主体。生态环境保护约定俗成地强调政府主体责任。生态环境治理则除了强调政府的责任，还旗帜鲜明地重申了第三部门、企业、公民等其他社会主体参与的必要性。为了保持语义上的统一性并强调政府在生态环境治理中的主导性角色和地位，本书采用"生态环境保护"概念，而不是主体范围更广的"生态环境治理"。

事实上，生态环境保护涉及的领域复杂，关涉自然科学和社会科学两个领域。自然科学领域的生态环境保护主要关注技术发展和技术创新，包括降低污染物排放、污水治理、废气处理等方面的技术革新。社会科学领域的生态环境保护强调制度安排、体制革新，拓宽企业、非政府组织、公民等多元主体的参与途径。这一界定不仅突出强调生态环境保护的公共属性，更强调生态环境保护的多元性和复杂性。

从内容上来讲，基于地区之间资源禀赋、经济发展水平等方面的不同，生态环境保护的重点和着力点也会有所区别。本书按照《长江经济带生态环境保护规划》中的政策目标设定，将生态环境保护内容设定为合理利用水资源、保育恢复生态系统、维护清洁水环境、改善城乡环境、管控环境风险等五个方面。

三、政策

本书基于协同视角从主体—内容—能力三个维度评价政策。此种界定凸显了政策的三个现实价值：兼容性、匹配性和延续性。具体来讲，兼容性指关联性政策之间相互协调和包容；匹配性指具有衔接性或相关性政策之间相互配合，以保证政策的顺利进行；延续性指在确保当今政策在可预见的未来具有持续效力。具体而言，政策主体、政策内容和政策能力分别界定如下：

（一）政策主体

关于主体（Agent），不同的学科有着不同的定义。公共政策主体是指参与、影响公共政策过程的组织或个人。在公共政策的运行中，政策主体居于主导地位。但政策主体并不是单一的。事实上，公共政策运作的整个过程中存在多种主体力量相互博弈。这也导致政策主体的类型学按照不同标准进行划分呈现出多样性。从"谁的政策"和"谁制定的政策"两个视角来理解，政策主体包括决策、咨询和参与三个方面的主体。从功能的角度而言，政策主体可分为决策、辅助和参与等主体。从所掌握资源和地位而言，政策主体划分为强势利益主体、弱势利益主体和无关利益主体三类。由此可见，政策主体具有多元性。

作为一项公共政策，生态环境保护的主体并不排除企业、社会组织、公民等主体的参与。但在中国的具体实践中，生态环境保护主要还是由拥有公权力、有意愿、有能力的政府承担主要责任、发挥主导性作用。基于研究的方便与简化，本章将政策主体限定为政府及其职能部门。而政府庞大而又复杂，包括中央政府及其部门、地方政府及其部门，还包括中央和地方政府之间的衔接与协同，由此形成一架错综复杂的官僚机器。即使是分工明确的政府及其部门，其对生态环境保护政策的认知也可能存在差异，这种认知差异会导致政策目标与行为的不一致甚至结果的相互消弭。此外，当社会处于不同发展阶段，对于不同的流域河段而言，会有不同的治理需求与措施。这也意味着，不同的政策主体对于长江经济带生态环境保护政策的认知不同，目标和效用函数也会存在差异，从而导致不同的行为选择。正如艾利森所言，政府不是一个单一的、遵循理性选择的独立主体，"在政府的等级体系中占据各个位置的博弈者根据惯常的规则相互讨价还价"（2015）。由此可见，作为一个典型的跨域性公共问题，长江经济带生态环境保护的政策主体不仅需要基于分工各司其职，更需要合作与协同。准确而言，本章将政策主体协同界定为三个方面：中央政府部际间协同、地方政府间协同、中央与地方政府间协同。这三个方面主体间合作与协同各有侧重，蕴含不同的内在逻辑。

1. 中央政府及其职能部门。

中央政府及其职能部门在长江经济带生态环境保护政策的推进中，处于顶层设计的位置，发挥着统领全局的作用。在正式政策文件的起草和传递中，中央政策文件是"文件传递链"的起点，政策文件的内容往往具有方向性、原则性和指导性特征。对于长江经济带生态环境保护政策议题，中央政府表达出了极大的重视，在推动长江经济带高质量发展中发挥着统揽性作用。此外，在单一制的国家结构中，中央政府职能部门间的合作与协同关系为地方政府职能部门间的合作与协同提供了参照和样本。因此，考察中央政府职能部门间的合作与协同关系很大程度上能反映中国政府中横向职能部门间的合作与协同状况。

2. 地方政府。

地方政府在长江经济带生态环境保护政策的细化和落地中处于主导性

地位，它们之间的协同属于流域共建共治共享的重要内容。长江经济带 9 省 2 市间的横向关系包含省级政府、地级市政府、县级政府、乡级政府及其之间形成的横向和斜向关系。有学者认为省级政府间的横向关系是中国地方政府间关系的核心和中轴（杨小云、张浩，2005）。但是，9 省 2 市在发展水平、地理特征等各方面存在极大差异性，从省级政府考察地方政府间关系容易忽视市级政府间的差异性、难以凸显市级政府间关系的复杂性和丰富性。本书在考察政策主体间形成的协同关系时，将地方政府主要限定为市级，以长江经济带下游地区呈现地方政府间互动频率和合作水平。在考察政策能力时，为了从协同视角全面考察长江经济带整体生态环境绩效，将地方政府限定为省级政府。

3. 纵向政府。

在中国单一制制度安排下，中央生态环境保护政策在地方落实中存在复杂情境。一方面，中央政策具有方向性、原则性、模糊性，这为处于多任务情境中的地方政府提供了宽松的策略空间。另一方面，地方政府在长江经济带生态环境保护和资源开发之间仍然存在巨大张力。由此，在长江经济带生态环境保护政策推进中，地方实践可能并不是简单的"中央顶层设计—地方政策执行"图景，而是呈现出更为复杂的逻辑和丰富的图景。这意味着，上级政府与下级政府的协同，特别是中央政府与省级政府、上下级职能部门之间的协同关系能影响地方政府之间的合作与协同，上级政府的介入是推进下级政府合作的重要途径。因此，本书试图通过中央政府与省级政府间协同的推进探讨纵向政府间关系的特征，为进一步推进流域问题的解决提供理论参考。

（二）政策内容

动态性的政策内容调适研究与政策变迁研究存在重合与交叉，因此考察政策内容调适有必要参考政策变迁研究的内容与观点。从政策变迁幅度和模式而言，政策变迁模式主要有渐进主义、层级序列变迁和间断均衡理论。其中，层级序列变迁关注政策内容对本书具有较大的启示。Hall 认为，在政策变迁研究中，有三个变量不容忽视，某领域政策的总体性目标、实现目标所采取的手段或政策工具和对这些政策工具的精确设置（1993）。与三个变量相对应，政策变迁可以分为三级序列：第一序列即对政策工具精确设置的常规调整；第二序列则是更换政策工具；第三序列则是总体性目标的改变及其引发的根本性政策变迁。层级序列变迁理论认为对政策变迁和发展的考察可以通过政策内容的分析实现，对本书具有借鉴性。结合我国学者张国兴和张振华、彭纪生等的做法，本书对政策内容变迁的考察从政策力度、政策目标和政策工具等几个维度展开。

（三）政策能力

如果说组织平台搭建从传统的行政管理视角强调了政策主体的重要性，那么，政策内容视角揭示了协同生成的动态性、复杂性和不确定性。政策能力视角提供了一个新的视角，能包容性、整合性地描绘和解释政策的协同，揭示政策"黑箱"。

政策能力是从西方学界引进的新概念。它与国家能力、政府能力等概念相近似，但在背景和指向上有着根本区别。"国家能力"强调全球化背景下的国家自主性，"政府能力"关注新公共管理浪潮中的政府公共性，"政策能力"审视各国治理模式。随着学术界的关注和知识积累，政策能力研究逐渐形成三种源流。第一类学者只是将其作为解释全球化、民主化、政治发展等命题的辅助性概念，没有明确界定政策能力的内涵。这一类学者没有把近似概念作精细考察和区分，将政策能力与政府能力、国家能力等概念混同使用。第二类学者强调整合和协调知识、技术、信息、智力等资源，提升"政策能力"的价值在于更好地回应社会需求。此种界定假设政策是一个具有整体性的系统，覆盖了从政策议程确立到政府执行的全过程，并直接关系到政策目标是否实现以及在多大程度上实现。如Howlett则具体解释了政策能力的内容，包括政策知识的习得和应用能力、政策框架的搭建能力、信息技术应用能力、利益协调能力等（2009）。第三类学者集中探讨政策能力的影响和作用，强调信息、知识、技术和经验等因素与不同政策过程匹配的重要性。这一界定注重政策过程中外部的资源支撑及内部需求的一致性。提升"政策能力"的价值在于优化政策过程。这些具有洞察力的观点为我们认识政策能力奠定了良好的基础。第一种定义抹杀了"政策能力"与"国家能力""政府能力"的差异，模糊了公共事务主体的差异，强调"政策能力"是实现公共利益所需的素质和力量。第二种的研究范围着眼于整个政策过程，强调整合和协调资源回应社会需求，近似政府能力。第三种关注政策过程中的某个环节，但将政策过程割裂开来也会造成误解和失真。因此，要把握政策能力的内涵，可以借鉴田恒和唐贤兴的界定，以一种更具整合性的限定语来规避过于统合和从阶段划分存在的问题（2016）。

本书的研究情境为长江经济带，政策领域为生态环境保护领域，政策主体不仅是地方政府及其部门，还涉及政府在限制性条件下利用资源解决公共政策问题的单边、双边和多边互动，包含了政府间互动关系的逻辑。因此，本书所指的政策能力是长江经济带地方政府共同合作致力于有效的政策设计从而解决生态环境问题的能力，政策主体限定为省级政府。在生态环境保护的政策制定与执行中，省级政府政策能力的构成既包括不同政策阶段的关键能力，也更强调地方政府的主动性和能动性。这种界定一方面强调政策阶段的不同关键能力，另一方面作为政府解决公共问题应具备的素质又具有能动性。

综上所述，从组织结构的视角而言，本书通过考察政府主体之间的关系和行为来评价政策，具体包括中央政府部际之间、地方政府之间和纵向政府之间的关系。从政策内容调适而言，本书通过对政策文献内容进行分析，具体包括政策效力、政策目标和政策工具等政策要素。从政策能力而言，本书将政策能力界定为长江经济带地方政府共同合作致力于有效的政策设计从而解决生态环境问题的能力。政策能力更彰显政府在政策制定和执行上的主动性、权变性，能较好实现政策协同所追求的兼容性、匹配性和延续性价值。

第三节　分析框架研究

分析框架通过探索变量及其相互之间的关系使得松散的信息形成一个紧凑的结构，是研究的重要手段和工具。由此，在界定核心概念和梳理理论基础的前提下，研究的推进需要进一步提炼分析框架，将犹如一盘散沙的知识碎片衔接成具有结构和功能的沙堡。

系统论和协同治理理论为解决具有跨域性、复杂性的公共问题提供理论基础和解决思路。在中国的政治体制下，政府依然是解决公共问题的主要主体，通过制定和执行公共政策在公共事务中扮演着重要角色。由此可见，政策主体对于长江经济带生态环境治理至关重要。而长江经济带生态环境保护政策主体具有多元性，政策内容涉及多领域。具体而言，从政策主体而言，长江经济带生态环境保护政策主体主要有中央政府顶层制度设计的跨部门范畴；地方政府之间生态环境协同治理的跨区域范畴；纵向政府之间的跨层级范畴。从政策内容而言，有水污染治理、有大气污染治理等多领域生态环境事务，也有政策目标、政策工具等多重政策要素。因此，通过政策的协同减少政策冲突、消弭府际壁垒、完善政策内容对于推进长江经济带生态环境保护具有重要意义。系统理论和跨域治理理论对本书构建分析框架具有重要的启发价值。

一、已有协同治理的分析框架

协同治理研究受到学术界多学科的共同关注，在政府跨域协同治理中逐渐形成了过程、结构和制度三种主要的分析框架。

（一）过程维度的分析框架

过程维度上的理论资源关涉那些有助于探索、解释和预测跨域性问题政策过程的概念和命题。政策循环模型在政策过程模型的基础上做了改进，即将政策过程的复杂性"划分为有限的各个阶段和子阶段，对这些阶段可单独考察，或者根据与其他阶段和政策循环的关系来考察，从而使得理解公共政策更为容易"（迈克尔·豪利特、M. 拉米什，2006）。显然，政策循环强调探讨政策过程的动态性。但是，如果仅利用政策循环的线性思维考察跨域性公共问题的解决，那么极易忽视每一阶段中的复杂性并遗漏关键要素。由此，研究者需要进一步引入政策子系统的概念以克服政策循环分析的缺陷。政策子系统是贯穿政策过程并影响政策过程的因素的集合，包括"行动主体、机构、工具和沿着上述路线展开的话语"（迈克尔·豪利特、M. 拉米什，2006）。由此可见，在过程维度的分析框架中，政策循环提供了从动态角度考察政策的可能性，政策子系统所列举的要素则为政策过程研究提供了落脚点。

（二）结构维度的分析框架

结构维度的分析框架主要呈现为分析政策子系统中的行动者、资源、政策目标、政策工具等方面的结构性特征。具体而言，政策子系统对跨域性问题的分析重点关注包括：第一，主体。在跨域性问题中，政策主体在目标、资源、利益等方面均存在差异，协同治理是主体之间弥合差异、寻求共识、协调合作、利益共享的状况和过程。第二，政策制度、机构和价值子系统。协同治理研究的核心是寻求制度、机构和价值的变革，促使主体形成协同状态。第三，政策工具子系统。政策工具子系统重点分析政策过程中政策工具运用、选择和优化组合问题。目前，结构维度的分析框架往往通过网络研究方法对政策子系统的重要方面展开分析与研究。

（三）制度维度的分析框架

过程和结构维度的分析框架重视个体理性作用，强调行动者的能动性，注重考查行动者的策略性行为。事实上，制度维度的分析框架可谓长盛不衰。基于制度现象的普遍性，制度维度的分析框架是众多社会科学都采用的研究途径。与过程和结构维度重视个体理性和行政领导的作用不同，制度维度重视制度理性。在协同治理中，制度是对"政策子系统"协同分析的基本途径。制度维度的分析框架特别强调制度在协同治理中产生的激励作用和约束效应。

总体而言，过程、结构和制度三个维度从不同侧面开展协同治理研究，搭建分析框架。当然，三个维度的分析框架在构建自身理论大厦时，由于研究视角和研究途径的不同，难免各有侧重。在这三个基本途径的指引下，协同治理研究又不断演化出不同的分析框架以增强其解释力。

二、已有系统分析框架

跨域事务的主要表现形式为跨区域、跨部门和跨组织。政府跨域治理是跨域事务的政策主体，为了实现公共目标所展开的管理活动（曹堂哲，2013）。已有协同治理分析框架对于本书跨域性问题分析框架的构建具有启发意义。具体来讲，过程维度注重从动态的视角描述政策过程、政策演化和协同演进，结构维度侧重运用网络分析政策子系统所形成的关系，制度维度重视制度理性，强调制度供给、制度创新、制度建设的重要性。三个维度的分析框架在各自领域成果颇丰，但难免导致"静态"与"动态"的壁垒、环境与"本身"及其后果研究的分散。因此，对于跨域性的政策协同研究还需搭建更具整合性、解释力的系统分析框架。作为理解公共管理的新范式，复杂系统研究已经广泛地影响公共管理研究，并形成了相应的分析框架。

（一）"系统刻画—协同机理—协同效应"的协同机理分析框架

复杂性系统理论已经广泛渗透公共管理的一般理论和各个分支领域中。复杂性相关术语也成为描述和分析公共管理的视角和框架。在众多分析视角中，系统协同增效实现系统目标的过程机制更为学者和实务工作者关注。这也意味着，跨域治理研究往往围绕着"何种机制可以实现系统的协同"这一核心问题（曹堂哲，2013）。回答这一核心问题的前提和基础是对协同治理的系统属性和协同状态进行描述和评价。学者曹堂哲以协同学的评估逻辑为基础，构建了政策跨域治理的"系统刻画—协同机理—协同效应"分析框架（2013）。协同机理分析框架基于复杂系统理论，认为跨域事务本身具有系统属性，对其进行分析时需要跳出其"本身"的局限,将其置于一个更大的系统范畴加以考察:考察跨域事务的环境,分析跨域事务的历史、原因和特点;从跨域事务、政策循环、政策子系统三个维度进行协同性展开分析;度量协同效应。总体而言,协同机理分析框架结合了协同治理理论和系统论两个理论基础的分析框架,具有整合性,对跨域性问题分析具有较强解释力。

(二)协同机理分析框架的启示

结合长江经济带生态环境保护政策的研究主题,按照协同机理分析框架的思路和步骤,至少能获得如下启示:

1. 系统环境和背景分析的必要性。

政策系统的边界把政策系统从政策环境分离出来,但二者又有所关联。值得关注的是,政策系统的界限具有一定程度的开放性和可渗透性,边界成为系统与环境交流的中介。政策系统与政策环境也因此相互影响:一方面政策适应环境需要而产生和变迁,甚至消亡;另一方面,政策会在一定程度上选择、改善甚至控制环境。长江经济带生态环境保护作为一个政策议题,政治、经济、社会、文化的历史和现实背景向其提出了政策完善的需要,也可能提供政策完善所需的物质、能量和信息。

2. 系统刻画的必要性。

对系统属性进行描述和评价是协同评价的前提和基础,已有研究开辟了协同学、网络分析和制度主义等分析视角。具体而言,协同学途径从系统论方法出发,分析系统的子系统及其构成要素;网络途径提供了概念工具和分析视角,即分析行动者、制度规则、工具等方面呈现出的结构性特征;制度主义途径围绕行动者的理性、价值、情感、行动与结构之间的关系展开。三种途径从不同侧面引导协同研究。在三种研究视角的基础上结合研究主题,本书需要刻画长江经济带生态环境保护系统的政策主体、政策工具、政策变迁等方面特征。

3. 协同过程及机理分析具有可行性。

系统协同增效的过程和机制是社会科学关注的焦点。这也就意味着,政策协同研究的核心问题是在复杂系统理论框架下，可以通过哪些机制促进协同实现系统目标。本书在对长江经济带生态环境保护政策进行系统分析的基础上，运用协同学及相关理论深入阐明政策能力与生态环境保护相互影响、相互促进的协同机制。

4. 协同效应分析。

在序参量识别的基础上，可以构建基于序参量的长江经济带生态环境保护的政策协同度模型。模型的建立包括以下基本内容：复合系统的数学定义；复合系统子系统的数学定义；子系统序参量对系统有序度的贡献；复合系统协同度的模型选择。

三、本书的分析框架

对系统论和协同治理理论基础及其已有的分析框架展开梳理后可以发现，协同治理分析框架仅从政策循环理论的过程、基于政策子系统的结构和跨域治理事务三个维度还无法对具体的跨域事务展开全面分析；复杂系统理论的协同机理分析框架更具有整合性和整体性，但系统刻画的落地又语焉不详，操作性和可行性存疑。因此，本书对于长江经济带生态环境保护的具体领域和情境，有必要整合协同治理分析框架和协同机理分析框架，使得分析框架更具解释力、可操作性和可行性。鉴于已有分析框架各有优缺点，本书在协同机理分析框架的基础上对系统刻画环节引入政策能力要素，丰富政策子系统内容。

本书以协同视角分析和评价长江经济带生态环境保护政策，以政策为研究对象，以系统论、协同治理理论和政策协同理论为理论基础，以政策文献计量法、社会网络分析、内容分析法为研究方法，构建起"主体—内容—能力"分析框架（如图2-2所示），以从全过程协同视角开展长江经济带生态环境保护政策的评价研究。

（一）政策主体方面

本书在政策协同主体方面，主要探究政策主体间关系所形成的网络结

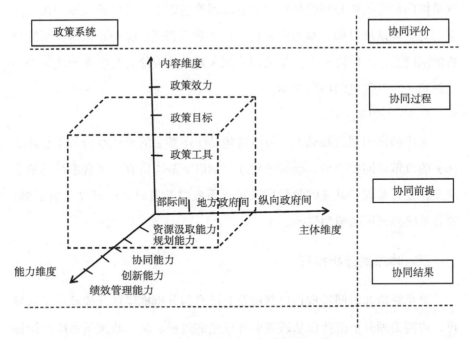

图 2-1　长江经济带生态环境保护政策协同的分析框架

资料来源：本书作者整理制作。

构。根据迈克尔·豪利特和 M. 拉米什对政策子系统的界定可以发现，"政策子系统由处理公共问题的行动主体构成"，包括"当选官员、任命官员、利益集团、研究机构和大众媒体"（迈克尔·豪利特、M. 拉米什，2006）。其中，当选官员和任命官员属于国家机器内部，利益集团、研究机构和大众媒体属于社会范畴。本书无意于探究政策子系统的方方面面，而是择其重点领域展开研究。作为"政策子系统的重要行动主体之一"（迈克尔·豪利特、M. 拉米什，2006），行政机构是重要的政策主体，对于政策过程的展开至关重要、不可或缺。因此，本书政策主体在组织结构层面的研究锁定政策主体间关系，通过政策文献量化研究法和社会网络分析法对政策文献中的联合发文数据和日报中所隐含的合作行为数据进行社会网络分析，由此描绘中央政府部际之间、地方政府之间和纵向政府之间所形成协同网络结构特征。

（二）政策内容方面

本书在政策内容方面，主要通过探究政策效力、政策目标和政策工具等政策要素的协同状况实现。政策内容是政策的载体，政策目标和政策工具是政策子系统重点关注的方面。反过来而言，考察政策效力、政策目标和政策工具能反映政策内容变迁和协同演进。本书主要应用政策文献分析法和内容分析法考察政策内容，发现政策内容"一致性"的内在逻辑。

（三）政策能力方面

政策不仅体现在结构和过程中，还需要从"能力"的视角对其进行观察和审视。相比较而言，从"能力"视角界定的政策协同，能较好地整合"状态论"和"过程论"。因此，本书认为系统刻画环节中还需从政策能力视角对其展开考察以丰富政策协同研究。本书将长江经济带生态环境保护政策系统化为地方政府政策能力和生态环境保护绩效两个子系统，利用耦合协同度模型测量协同度。由于政策过程的不同阶段对政策能力有着不同的要求；不同政策要素的权变组合能反映不同的政策能力。政策能力在一定程度上整合了过程和结构两个维度。基于此，本书在协同机理分析环节构建政策能力和生态环境保护的评价指标体系，并在此基础上运用耦合协同度测算两个子系统的耦合度和协同度，进一步总结政策能力与生态环境保护绩效协同的特征。

本 章 小 结

根据研究需要，本章梳理了系统论、协同治理和政策协同等理论，为后续研究提供理论依据、研究思路和研究方法。基于理论基础，本书对长江经济带、生态环境保护、政策等核心概念进行了界定，确立了"主体—内容—能力"的分析框架。

具体而言，作为典型的跨域性问题，长江经济带生态环境保护具有外部性、流动性、整体性特征。从理论基础而言，系统理论、协同治理和政策协同理论为跨域性问题解决提供了分析思路与方法论基础，具体表现为：第一，长江经济带生态环境保护政策是一个复杂系统，这个系统与环境有信息、能量、物质的交流，政策内部又呈现出层次性、相互依赖性、结构性特征。因此，研究的推进应基于系统展开分析。第二，长江经济带生态环境保护政策复合系统内部有独特的结构，对其进行结构学分析能够更加深刻地了解系统机理、动态发展。因此，研究的推进应打开系统内部"黑箱"，通过系统刻画发现系统内部机理。第三，通过长江经济带生态环境保护政策系统评价找到"问题"，并基于系统论、协同治理理论和政策协同理论形成分析框架。基于理论基础，本研究对核心概念进行了界定，认为长江经济带为"9+2"的范围；生态环境保护的内容包含合理利用水资源、保育恢复生态系统、维护清洁水环境、改善城乡环境、管控环境风险等五个方面；政策从主体、内容和能力三个方面进行考察。结合理论基础和长江经济带生态环境保护政策的具体情境，本书确立了"主体—内容—能力"的分析框架。

第三章　长江经济带生态环境
协同保护的政策主体

公共政策是政策主体行为、调控目标选择与政策工具运用三者协调统一的过程。政策主体对政策制定与实施有着重要的影响，在很大程度上决定政策问题能否解决及在多大程度上得以解决。这也就意味着，政策主体是长江经济带生态环境协同治理的重要组成部分，在政策的完善与推进中发挥着关键作用。作为一项公共政策，长江经济带生态环境保护的主体包括企业、社会组织、政府等组织。值得强调的是，在中国的具体实践中，生态环境保护主要还是由拥有公权力、有意愿、有能力的政府承担主要责任、发挥主导性作用。而政府又具有不同的纵向层级和横向部门，具有庞大的规模并形成错综复杂的关系。用习近平总书记的话来讲，"治水不是一个方面、一个部门的事情，不是一个部门就能做到的"①。为了简化研究，本书聚焦政府这个主要政策主体，结合政府中的纵向关系和横向合作，从协同视角考察中央政府部际间协同、地方政府间协同、中央与地方政府间协同三个方面的政策主体关系。由此，围绕分析与评价长江经济带生态环境协同保护的政策主体，本章从三个方面展开分析。首先，利用社会网络分析法对中央政府部门间关系进行考察并分析其网络特征，基于网络分析对政策主体间关系进行评价；其次，利用社会网络分析法对地方政府间关系进行描绘，基于地方政府间合作关系评价政策主体协同；再次，

---

① 中共中央党史和文献研究院编：《习近平关于治水论述摘编》，中央文献出版社 2024 年版。

利用典型案例对纵向政府间关系展开分析，基于纵向政府间关系分析评价政策主体协同。

第一节 中央政府部门间协同的分析与评价

中央政府部门间关系经历了不断调整的历程，在不同时间段呈现出不同的特征。由此，为更好地把握长江经济带生态环境保护政策主体协同关系，本书将分时段进行比较分析。为尽可能地保证长江经济带生态环境保护政策主体关系网络中节点属性、名称和职能的一致性，本书选择改革开放以来有关长江经济带生态环境保护政策进行整理和分析。此外，本书采用社会网络法、利用 Ucinet 软件，力图更为形象、直观地呈现中央政府部门间关系。

一、中央政府部门间协同的历史分期与数据统计

毋庸置疑，推动长江经济带生态环境保护需要制度支撑和政策支持。作为政策制定与执行的主体，国务院相关职能部门间关系能在一定程度上反映中央层面职能部门的协同状况。以重大机构改革为时间节点进而对长江经济带生态环境保护政策展开历史分期和数据统计能为下一步研究奠定基础。

（一）历史分期

时间节点往往以重大机构改革或重要的历史事件为分野。从重大机构改革而言，生态环境保护领域的机构改革有四个重要的时间节点，凸显了生态环境保护领域的行政职能调整。1984 年 12 月，由城乡建设环境保护部领导的环境保护局改为国家环境保护局，仍由城乡建设部领导；1998年 6 月，国家环境保护局升格为国家环境保护总局，成为国务院直属机构；2008 年，组建中华人民共和国环境保护部，不再保留国家环境保护总局；2018 年，中华人民共和国生态环境部正式揭牌。生态环境保护职

能部门调整及机构改革，一方面表达了党和国家对于生态环境保护政策议题的关注，另一方面也彰显了职能优化、协同高效的着力点。此外，2014年9月，党中央和国务院部署将长江经济带与"一带一路"、京津冀协同发展列为三大发展战略，凸显出长江经济带生态环境保护整体性治理的重要性。从政策发文时序来看，1998年以前有关长江经济带生态环境保护政策议题受到关注较少，政策文件数量也较少，部门间协同往往是临时性安排。随着长江经济带概念的提出，区域性协同也逐渐内化为基本工作原则。由此，本书以2008年和2014年作为时间节点，将长江经济带生态环境保护分为三个阶段（如图3-1），分别考察各阶段的中央政府部门联合发文情况。

图3-1 长江经济带生态环境保护部门协同发展历程
资料来源：本书作者整理制作。

在数据处理中，本书首先对每一时段的联合发文政策主体进行提取分离，然后绘制n个主体之间联合发文的n×n阶关系矩阵。具体而言，假设一件政策文献由主体A和B联合发文，两者的关系设定为A-B，假设一件政策文献由主体A、B、C三者联合发文，那么三者的关系设定为

A-B、A-C、B-C，以此类推。值得注意的是，每对关系属于无指向性的无向关系。

（二）数据统计

数据统计能整体反映政策主体的发文数量、政策发文的时间序列、政策主体联合发文情况（如表3-1）。

从政策发文数量和发文序列来看，中央政府和地方政府关于长江经济带生态环境保护政策发文总体数量不多；各阶段关于长江经济带生态环境保护政策发布数量分布并不均衡，也没有呈现出明显的规律性。具体而言，2014年以前中央政府发布政策数量较少，2015年之后发布政策数量显著增加。这说明中央政府在改革开放以来的很长时间里并未对长江生态环境保护给予太多的关注，在2014年国务院提出依托"黄金水岸"推动长江经济带发展的重大举措之后，中央政府部门纷纷发布配套政策和具体实施方案。

表3-1　中央政府部门参与发文情况

年份	1978—2008 年	2009—2014 年	2015—2021 年
发文数（件）	22	19	123
单独发文数（件）	19	17	91
联合发文数（件）	3	2	32

资料来源：本书作者整理制作。

从联合发文来看，在中央政府发布的164份关于长江经济带生态环境保护政策中，由中央政府部门独立发文的政策文献共128份，联合发文的政策文献共36份，分别占总文献数的78.0%和22.0%。由此可见，中央政府关于长江经济带生态环境保护政策议题联合发文总量不多、占比不高。从时间序列来看，2014年之前，联合发文更是少见。

二、中央政府部际协同状况——基于社会网络分析

"社会网络是社会行动者及他们之间关系的集合。"[1] 社会网络分析主张关系论的研究方式和思维方式，这种研究方法和思路提供了"交互"的视角，有助于沟通微观和宏观之间的桥梁。对于中央政府部际间关系的考察不可能仅仅根据直觉和经验。在此情况下，社会网络分析提供了一系列研究工具，包括整体网络分析和个体中心网络分析，从而更好地扩展和呈现部际间协同关系及其结构的研究。

（一）中央政府部际整体网络分析

整体网络研究可以揭示网络的各种结构特征，也能通过揭示整体系统的整合性发现网络结构的层次性、等级性和阶层性等[2]。本书中，中央政府部门协同是指一条政策由两个或两个以上的部门联合颁布的情形。通过统计并考察改革开放以来中央政府及其部门协同关系的整体网络指标（如表3-2所示）可以发现，1978—2021年，中央政府各部门之间在长江经济带生态环境保护政策议题上的联系呈现出愈发紧密的态势。

表3-2　整体网络分析

观测时间	政策数量	节点数	网络关系数	网络密度	网络凝聚力	聚类系数	平均距离
1978—2008年	22	7	4	0.286	0.119	0.000	1.000
2009—2014年	19	9	21	0.432	0.181	0.833	1.143
2015—2021年	123	25	101	1.980	1.000	1.389	1.000

资料来源：本书作者整理制作。

节点数是各时段参与长江经济带生态环境保护政策发文的中央政府部

---

① 刘军：《整体网分析讲义：UCINET软件实用指南》，格致出版社2009年版，第7页。
② 刘军：《整体网分析讲义：UCINET软件实用指南》，格致出版社2009年版，第32页。

门数量；连线数表示两两部门之间参与长江生态环境保护政策发文的联结频次。节点数和连线数衡量的是绝对值，两者的数值越大意味着网络规模越大，节点连线越多意味着结构越复杂。节点数和连线数能在一定程度上表征整体网络的结构特征。一般而言，网络密度越大，聚类系数越高，特征途径长度越小，意味着网络联系越紧密，整体网络对行动者的态度和行为影响也越大。但是，联系紧密的网络为个体提供资源的同时，也可能限制个体发展。通过表3-2可以发现，在三个阶段中，长江经济带生态环境保护政策网络中，节点数和连线数逐渐增多。这说明随着时间的推移，越来越多的部门通过联合发文的方式参与政策制定。

1. 整体网络密度。

从表3-2可知，整体网络密度从1978—2008年的0.286到2009—2014年的0.432再到2015—2021年的1.980，这说明长江经济带生态环境保护政策主体协同网络的辐射联系呈现出加强的趋势。从图3-2可以发现，在2009—2014年，长江经济带生态环境保护政策领域初步形成政策网络。在政策网络中，财政部起到了关键的联结作用，住房和城乡建设部、国家发展和改革委员会、环境保护部起着重要的串联作用。

此外，长江经济带生态环境保护政策的联合发文中，部门间的横向关系也发生变迁，多中心的社会网络关系逐渐形成，协同效应逐渐显现。需要注意的是，行动者在政策网络中出现的频率和位置并不是一成不变的，有的部门可能在某一时期频繁出现，但是在随后的政策网络中可能被排除在外。

2. 聚类系数。

聚类系数度量的是个体对网络核心节点的依赖程度。聚类系数越大，表明该网络越具有凝聚力。网络凝聚力越强，网络中节点的地位越平等、权力越分散，节点间有更多、更有效的资源和信息交流，网络趋向均衡结构；反之，网络凝聚力越弱，网络中节点的权力越分散、地位越不平等，权力集中在一个或几个核心节点，网络更容易受到核心节点的影响，网络也更倾向于集权机构。应用 Ucinet 软件对中央政府部门关系矩阵进行聚类系数计算（如表 3-2 所示），整体网络的凝聚力在三个阶段分别为 0.119、0.181 和 1.000。整体网络聚类系数在 1978—2008 年、2009—2014 年、2015—2021 年三个阶段分别为 0.000、0.833 和 1.389。由此可见，随着时间的推移，长江经济带生态环境保护政策网络的聚类系数逐渐增强。但是第一阶段和第二阶段的聚类系数低于 1，第三阶段超过 1。这说明政策网络最初缺乏凝聚力，随着长江经济带生态环境保护政策网络规模的扩大和部门间联系越来越紧密，中央政府部门形成的政策网络凝聚力逐渐增强。这也意味着 2015 年以来，中央政府部门间可以更快地传递关于长江经济带生态环境保护的信息与资源。通过部门间联系，长江经济带生态环境保护的信息与资源可以在网络内部实现流动和再生产。此外，2015 年以来，长江经济带生态环境保护政策网络中政策主体地位较为平等，不易受其他部门的影响。

3. 平均距离。

利用 Ucinet 软件计算，在长江经济带生态环境保护政策议题中，三个阶段的中央层面部门平均距离分别为 1.000、1.143 和 1.000（如表 3-3 所示）。这意味着在 1978—2008 年每两个部门可以通过 1 个部门联系起来；2009—2014 年，每两个部门可以通过 1.143 个职能部门联系起来；2015—2021 年，1 个部门可以联系两个部门。这说明绝大多数部门间的距离并不远，"中间人"数量也较少。事实上，如果"中间人"数量少，则意味着权力在部门间并不集中，较为分散。表 3-3 显示，在长江经济带生态环境保护政策网络中，中央政府部门间信息大多数通过 1 个"中间人"完成，政策网络内部呈现出"小世界"特征。通过再次审视数据与政策网络结构可以发现，第一阶段"小世界"特征的根本原因是网络规模较小，网络本身是一个"小世界"；第二阶段"小世界"特征的原因网络规模有所扩大，部门平均距离有所增大；第三阶段"小世界"特征的原因包括网络规模扩大和部门间联系加强两个方面。

表 3-3　三个阶段的平均路径

平均路径	1978—2008 年	2009—2014 年	2015—2023 年
特征途径长度	1.000	1.143	1.000
加权特征途径长度	0	0.819	0

资料来源：本书作者整理制作。

（二）中央政府部门个体中心网络分析

"从社会网络的角度看，一个抽象的人是没有权力的。一个人之所以有权力，是因为他与他者存在关系，可以影响他人。或者说，一个人的权力就是他者的依赖性。"[①] 同样的道理，一个部门的权力来源于其他部门对其的依赖性。将长江经济带生态环境协同保护在中央层面的职能部门视作网络节点，考察节点的度数中心度、中间中心度能较好地呈现部际网络中各职能部门的"权力"。

1. 节点的度数中心度（Degree Centrality）。

节点的度数中心度包括绝对度数中心度和相对度数中心度。绝对度数中心度主要用来测量网络中节点间的联系度，往往以网络中与某节点有直接联系的节点的数量来衡量。一般而言，绝对度数中心度越高，节点在政策网络中跃居于中心地位。相对度数中心度表示节点的绝对中心度与网络中节点的最大可能的度数之比，它可以弥补绝对度数中心度不能比较不同规模网络节点的联系度缺陷。

在 Ucinet 中，利用 Network→Centrality→Multiple Measures 的操作路径计算得出长江经济带生态环境保护政策议题不同阶段政策网络中不同政策主体之间的关系状况（如表 3-4 所示）。从三个阶段的度数中心度高低排序来看，中央政府部门并没有出现比较固定的位置和组合。可以看出，在不同历史时期，不同长江经济带生态环境保护政策主体的重点任务并不相同。甚至在很长的历史时间里，长江流域的价值更在于"黄金水岸"的

---

① 刘军：《整体网分析讲义：UCINET 软件实用指南》，格致出版社 2009 年版，第 97 页。

经济价值,生态环境保护议题置于被"忽视"的角落。正是这种战略定位和政策任务的变迁,各个部门的中心位置并不固定。相比较而言,在三个不同历史时期的中心度度数较高的前五个部门中,国家发展和改革委员会、水利部和生态环境部出现频率较高。这说明长江经济带生态环境保护涉及领域较多,要实现的目标也多,经济、生态、水利等领域夹杂其中,具有复杂性。这就需要国家发展和改革委员会协调,生态环境部作为职能部门更多是落实生态环境保护工作。

表3-4 长江经济带生态环境保护政策网络中主要部门度数中心度

序号	节点	1978—2008年	节点	2009—2014年	节点	2015—2021年
1	交通部	33.33	财政部	37.50	国家发展和改革委员会	56.52
2	建设部	16.67	住房和城乡建设部	37.50	水利部	47.83
3	国家环境保护总局	16.67	国家发展和改革委员会	37.50	生态环境部	43.48
4	国务院	0.00	环境保护部	37.50	交通运输部	39.13
5	农业部	0.00	水利部	12.50	财政部	39.13
6	水利部	0.00	交通运输部	12.50	工业和信息化部	39.13
7	国家林业局	0.00	农业部	0.00	农业农村部	34.78
8	—	—	国务院办公厅	0.00	公安部	30.44
9	—	—	国家林业局	0.00	住房和城乡建设部	26.09
10	—	—			国家林业和草原局	21.74

资料来源:本书作者整理制作。

2. 节点的中间中心度(Between Centrality)。

中间中心度表征的是网络中某一节点对网络资源和信息的控制程度,或这一节点能在多大程度上控制和影响其他节点之间的关系,因为"处于这种位置的个人可以通过控制或者曲解信息的传递而影响群体"①。也就是说,中间中心度衡量的是一个节点在多大程度上位于网络中其他点的"中间"。如果一个节点的中心度为0,意味着该点不能控制任何行动者,处于网络的边缘;如果一个节点的中间中心度为1,意味着该节点处于网络的核心,拥有很大的权力,可以100%地控制其他行动者。

在Ucinet软件中,利用Network→Centrality→Multiple Measures的操作路径得出不同阶段政策网络中各政策主体对其他主体关系的控制和影响状况(见表3-5)。从三个阶段的中间中心度高低排序来看,与度数中心度类似,政策部门的排位并没有出现比较固定的位置。特别是1978—2008年、2009—2014年两个阶段,政策部门没有显著的"中间人"。这也再一次说明在很长的历史时期里,在长江经济带生态环境保护政策议题中,中央层面的相关职能部门并没有形成稳定的、联系紧密的政策网络。在2015—2021年,国家发展和改革委员会(简称"国家发改委")的中间中心度最高,这意味着国家发改委对关于长江经济带生态环境保护的资源和信息控制能力最强,在合作与协同网络中居于核心中介地位,职能部门间的合作与协同联系需要通过国家发展和改革委员会来实现。农业农村部、水利部、公安部、交通运输部等部门的中间中心度较为接近。这说明作为职能部门,它们在长江经济带生态环境保护政策网络中的资源控制能力比较接近,在政策网络中的权力相对平等。值得注意的是,生态环境部及其前身国家环境保护总局和环境保护部理应承担主要"中介"职能,能够发起并落实长江生态环境保护政策。从中间中心度度数及其在政策网络中的位置来看,生态环境部在2008年之前的"中间人"作用相对弱化,生态环境部对资源和信息的中介能力并不强。随着大部制改革的推行,生态环境部在政策网络中的中介作用逐渐提升。究其原因,大部制改革之前,生态环境职能较为分散。随着大部制改革的推行以及长江经济带

① Linton C. Freeman, "Centrality in Social Networks: Conceptual Clarification", *Social Network*, Vol 1, No. 3 (October 1978), pp. 215-239.

概念的提出，生态环境部在政策网络中的中介职能才得以逐渐体现。

表 3-5 长江经济带生态环境保护政策网络中主要部门中间中心度

序号	节点	1978—2008 年	节点	2009—2014 年	节点	2015—2023 年
1	交通部	6.67	财政部	0.00	国家发展和改革委员会	10.30
2	建设部	0.00	住房和城乡建设部	0.00	农业农村部	7.21
3	国家环境保护总局	0.00	国家发展和改革委员会	0.00	水利部	5.89
4	国务院	0.00	水利部	0.00	公安部	5.40
5	农业部	0.00	交通运输部	0.00	交通运输部	3.51
6	水利部	0.00	农业部	0.00	工业和信息化部	3.24
7	国家林业局	0.00	国务院办公厅	0.00	生态环境部	2.95
8	—	—	国家林业局	0.00	财政部	2.15
9	—	—	—	—	住房和城乡建设部	0.26
10	—	—	—	—	国家林业和草原局	0.26

资料来源：本书作者整理制作。

三、中央政府部际协同的特征分析

本书通过整体网络分析和个体中心网络分析，力求能够更好地刻画长江经济带生态环境保护政策中中央政府职能部门间形成的协同网络结构，分析结果如下。

（一）中央政府部门协同网络的阶段特征

1. 1978—2008 年中央政府部门合作网络初见雏形。

改革开放以来，国家各项工作逐渐步入正轨，生态环境保护工作也逐渐受到关注。中央政府生态环境保护部门在机构改革中几经更迭。一定程度而言，机构改革凸显出生态环境保护受到党和国家越来越多的关注，生态环境保护政策体系越来越完善，长江经济带领域的生态环境问题也被中央政府提上政策议程，部门之间的职能分工和部门间协同初见雏形。1978年至2008年这三十年间，中央政府共发布22项政策文件，其中联合发文3项，占比13.6%。发文部门有7个，参与联合发文的部门有3个，部门间共存在3次合作关系。合作网络中机构连线共有4条。部门间形成的协同网络密度为0.286，网络凝聚力为0.119，聚类系数为1.000。由此可见，1978—2008年，中央政府部门间部门较少、协同频率较低、协同关系并不稳定，部门间存在较少的资源和信息流动，政策协同网络尚处于起步阶段。

2. 2008—2014年中央政府部门合作网络渐成规模。

在2008—2014年，中央政府部门间合作网络逐渐紧密，这意味着部际间协同关系逐渐形成，有关部门分工协作、各司其职，形成了两组稳定小规模团体（见图3-2）。具体而言，部门合作网络的网络规模数

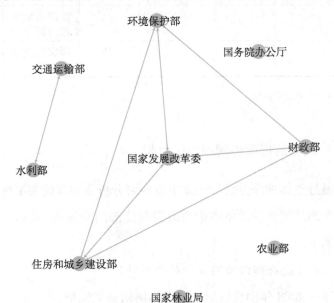

图3-2　2009—2014年长江经济带生态环境保护部门协同的可视化网络图
资料来源：本书作者整理制作。

达到 9 个，部门间共存在 21 次合作关系。在政策网络中，国务院办公厅、农业部、国家林业局是节点孤岛。在部门协同网络中，部门间形成的网络密度为 0.432。相较于 1978—2008 年，中央政府部门间合作逐渐增多，整体政策网络渐成规模。与此同时，政策网络的凝聚力为 0.181，相较于 1978—2008 年有所提升，但还不够密切。在这一阶段，国家发展改革委、住房和城乡建设部、财政部、环境保护部形成了部门协同网络，国家发展改革委发挥了较为明显的串联和媒介作用。

3. 2015—2021 年中央政府部门协同网络呈现规模变大、结构紧密的特征。

在 2015—2021 年，长江经济带生态环境保护工作中的大气污染治理、水环境治理等一系列政策相继颁布实施，参与政策制定的职能部门更加多元，政策网络也呈现出规模变大、结构紧密的特征（见图 3-3）。这一阶段，123 份政策文件由 25 个部门发文，其中 19 个部门参与了至少一次的联合发文，部门间共产生了 101 次合作关系。在部门协同网络中，部门间网络的网络密度上升到 1.980，说明政策网络规模变大，部门间合作频次增加，相互之间协同关系逐渐紧密。值得注意的是，这一阶段政策网络的凝聚力提升至 1.000，聚类系数升至 1.389，较前一阶段显著增强。究其原因，这一时期长江经济带高质量发展上升为国家重大战略之一，国家对于长江经济带生态环境保护有明显的政策倾斜。由此，中央政府越来越多的部门通过联合发文的方式参与到政策制定中。生态环境部的中心度指标较上一阶段有较大攀升，在网络中的位置逐渐"中心化"。水利部、工业和信息化部等职能部门实现了由"协助支持"向"核心部门"转变。与此同时，交通运输部、财政部等部门逐渐向核心部门靠近，在政策体系中的地位逐步由"独立自主"转变为"协同配合"。

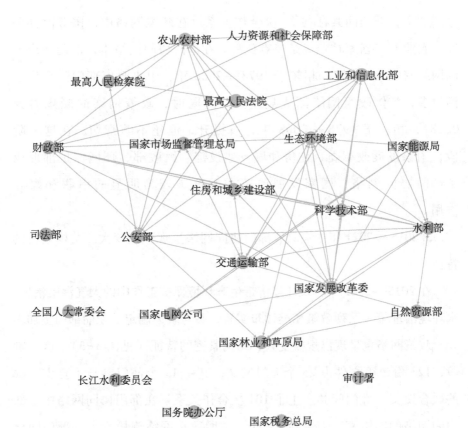

图 3-3　2015—2021 年长江经济带生态环境保护部门协同的可视化网络图
资料来源：本书作者整理制作。

（二）长江经济带生态环境保护中中央政府部门协同网络的总体特征

政策网络分析能勾勒和反映出政策主体之间的合作关系及其所形成的协同结构。这也意味着，通过确定政策主体在网络中的中心或者边缘位置，是把握政策主体间资源贡献和相互合作的重要方面。本书通过对长江经济带生态环境保护政策文献形成的政策网络进行分析并考察政策主体间的协同情况，研究发现如下：

1. 从政策网络的变迁与演化来看，中央政府层面的政策主体协同网络经过了从无到有、从初见雏形到渐成规模的演化。在长江经济环境保护政策议题中，根据重大历史事件和重大机构调整可将长江经济带生态环境保护的历史进程分为 1998—2008 年、2009—2014 年和 2015—2021 年三个阶段。从三个阶段网络结构的可视化呈现可以看出，网络节点数量逐渐增加、节点之间的联系逐渐增强。具体而言，第一阶段的节点数量少，联合发文所反映的协同关系形成的政策网络初见雏形。据此可知，政策主体之间的协同行为较少，部门间的信息和资源交流不多。第二阶段的政策主体总体较少。但从政策网络结构的可视化图可以发现，这一阶段的政策网络开始形成，政策主体之间的联合发文越来越多，部门间表现出合作意愿和行为，并以此促进政策制定的协同性。第三阶段的联合发文数量显著增加，政策主体逐渐多元化，越来越多的政策主体加入其中，政策网络关系逐渐紧密。由此可见，在长江经济带生态环境保护政策议题中，中央政府职能部门之间的协同经过了从无到有、从初见雏形到渐成规模的演化。

2. 中央政府部门呈现"多元化"特征，政策主体协同渐成规模。从 2015—2021 年社会网络分析可以看出，政策网络中的"多元"节点包含国家发展和改革委员会、农业农村部、水利部、工业和信息化部等其他非生态环境保护领域的政策主体。这说明，长江经济带生态环境保护政策网络呈现出显著的主体多元化和网络化特点。政策主体多元化和网络化意味着政策网络具有包容性，能更有效推进政策变迁和政策创新。在面临具有复杂性特征的生态环境保护政策议题时，多元政策主体之间的横向合作对于政策问题的解决至关重要。相较于封闭、单一的政策网络，多元化主体更有可能克服制度障碍。进一步而言，政策主体多元化也为政策协同提供了可能。

对于长江经济带生态环境保护政策议题而言，其复杂性、跨域性特征涉及多元政策主体。如果多元主体之间缺乏合作和关联，长江经济带生态环境保护政策议题将政出多门，容易导致"九龙治水"现象。但是，从政策网络结构的演化和特征来看，越来越多的政策主体加入政策网络中，凸显政策协同的特征。此外，在政策网络中，节点越多，政策主体越有可能拥有合作者，即通过与其他主体建立关系，获取信息及其他资源，更好地应对不可预测的政策环境变化。

3. 长江经济带生态环境保护政策网络结构呈"扁平化"的趋势。通过对联合发文主体进行社会网络分析发现，三个阶段的整体网络密度逐渐增强，聚类系数逐渐变高。网络密度逐渐增强说明长江经济带生态环境保护政策的制定和实施中，参与部门越来越多，部门间交流越来越频繁，合作程度越来越高，政策主体间协同越来越显著。聚类系数在第三阶段超过1，这说明政策网络到第三阶段具有较强凝聚力。从主体间距离来看，主体间"中间人"比较少，因此权力在网络间并不集中，资源的传递通过1个"中介"就能实现。

总体而言，长江经济带生态环境保护在中央层面政策网络经历了从无到有、从点到线再到网络、从简单到复杂的过程。由此可以发现，政策网络的形成不是一蹴而就的，而是处于动态的演化中。重点考察第三阶段的结构发现，越来越多的部门加入长江经济带生态环境保护政策网络中，部门间协同合作是推进长江经济带生态环境保护的必由之路。政府部门间的合作与协同能够实现部门间的信息交流、资源交换，使公共资源能够得到最大化利用，由此提高政府部门的运行效率，更好地解决"跨域性"问题。此外，从政府网络中节点的位置来看，长江经济带生态环境保护政策主体逐渐形成相对稳定的合作与协同关系。

四、中央政府部际间协同的评价

通过对1978—2021年长江经济带生态环境保护政策联合发文进行网络分析，结合长江流域生态环境保护政策发展历程，本书从组织结构视角对中央政府部际间协同作出如下评价：

（一）中央政府部际协同关系逐渐形成并不断提升

随着生态环境保护越来越受到关注，参与长江经济带生态环境保护政策制定的部门越来越多，中央政府部门间协同关系逐渐形成并不断强化。其中，联合发布长江经济带生态环境保护政策较多的部门为国家发改委、生态环境部、工业和信息化部、住房和城乡建设部、财政部等部门。依据部门的机构设置和职能定位可以发现，在网络中居于主要地位的国家发改委发挥着全面统筹并协调部门的作用；处于主要地位的生态环境部发挥着颁布具体政策并监督环境保护政策执行的作用；财政部对生态环境保护给予财政补助和税收优惠政策制定发挥着重要作用。总体而言，中央政府部门在长江经济带生态环境保护政策制定中各司其职，逐步呈现出协同关系。

（二）中央政府部际协同制定政策机制不断完善

随着长江经济带生态环境问题变得严重，长江经济带高质量发展越来越受到关注，中央政府不断强化并完善生态环境保护政策制定机制，主要体现在越来越多的中央政府职能部门参与到长江经济带生态环境保护政策的制定中，由此产生政策制定的协同效应。在生态环境治理体系和治理能力现代化建设的进程中，各级政府积极推动生态环境保护的规范化、制度化和透明化，正式的长江经济带生态环境保护政策文件重要性日益凸显。作为"文件传递链"起点的中央政策文件更是直接影响长江经济带生态环境保护效能。通过考察长江经济带生态环境保护政策网络结构可以发现，加入政策网络职能部门越多，职能部门越有可能拥有合作者，越能获取更多的信息及其他资源，避免部门间因为立场、政策目标等方面的差异而导致政策冲突和政策"打架"。从部际间的网络分析可以发现，越来越多的部门加入长江经济带生态环境保护政策网络中，协同制定政策机制得以推进和完善。

（三）中央政府部际协同为地方政府职能部门的长江经济带生态环境保护政策再生产起到示范作用

毋庸置疑，政策文本在地方政府推进长江经济带生态环境保护中发挥着重要作用。但是，中央政策文本往往具有方向性、原则性和指导性，要使其具有可操作性并转化为具体效能，还需要地方政府及其职能部门对中央发布的政策文本进行内容上的细化和更新。在政策文本的细化和更新中，"谁来细化和更新""细化和更新哪些方面"成为地方政府及其职能部门面临的问题。中央政府部门间协同的意愿和行为是地方政府及其职能部门协同的前提。

第二节　地方政府间协同的分析与评价

关于加强生态环境系统保护修复，习近平总书记指出要"推动上中下游地区的互动协作"①。由此可见，地方政府间协同是地方政府间区域行政的一种方式，也是解决跨域、复杂化改革问题的有效途径。事实上，长江经济带地方政府之间的关系在制度环境的变化中也在发生调整，即从"自力更生""自给自足"的封闭隔绝状态逐步走向竞争，再到相互合作。地方政府间的横向联系也逐渐增强。相比较而言，地市级政府间的横向关系逐步发展为中国地方政府间关系的重要方面。在长江经济带区域内，跨域性公共问题要求地方政府间通力合作。简而言之，地方政府间合作与协同是长江经济带生态环境保护的必由之路。由此，如何构建制度化、规范化的协同模式与机制推进长江经济带生态环境保护，成为地方政府间横向联系的新课题。检索和查阅长江经济带9省2市出台的关于生态环境保护政策文献发现，省际、市际联合发文较少。这也导致利用联合发文分析横向政策主体之间的协同情况难以实现。由此，本书利用地方政府日报作为数据来源进行内容分析，基于此考察地方政府间的合作状况。需要说明的是，长江经济带地方政府间的横向关系数量众多且结构复杂。为简化研究，本书将观察视角聚焦于长江下游地区，试图管中窥豹发现横向政府之间的协同情况。

---

① 《习近平谈治国理政》（第四卷），外文出版社2022年版，第319页。

一、地方政府间协同的实践探索——以长三角为例

"长三角地区是长江经济带的龙头，不仅要在经济发展上走在前列，也要在生态保护和建设上带好头。"① 此外，长三角地方政府间的合作与协同具有典型性，素材丰富，符合案例研究的要求。长江下游是长江经济带经济最发达、城镇集聚程度最高的区域，生态环境保护问题也较为突出。随着长三角一体化发展，地方政府在区域环境协同治理上作了持续而深入的探索，形成了重要的组织机制。如表 3-6 所示，2002 年苏浙沪两省一市签订《"绿色长江三角洲"建设》协议，率先突破行政区藩篱就生态环保问题展开合作，拉开长三角区域生态环境协同治理的帷幕。2003 年成立长江三角洲地区环境安全与生态修复研究中心，这也意味着长三角区域生态环境协同治理逐步展开。2004 年签订《长江三角洲区域环境合作倡议书》，倡议书明确提出打破行政边界，开展区域环境合作，这说明长江下游地区地方政府间协同程度逐渐增强。与此同时，长江下游区域逐步建立起协作小组、领导小组、联席会等组织机制，为长江下游地区生态环境协同治理提供组织平台。

表 3-6　长三角地方政府协同治理生态环境的组织机制梳理

年份	机构/制度名称	意义
2002	"绿色长江三角洲"建设	标志着长三角着手区域生态环境协同治理
2003	长江三角洲地区环境安全与生态修复研究中心	意味着长三角区域生态环境协同治理在具体领域展开
2004	长三角气候环境监测评估网络	开创国内第一个跨省环境监测评估网络
2005	长三角地区主要领导座谈会	长三角一体化发展的决策机制
2009	长三角环境保护合作联席会议	苏浙沪三地环保部门合作交流平台

---

① 《习近平谈治国理政》（第四卷），外文出版社 2022 年版，第 174 页。

年份	机构/制度名称	意义
2010	长三角区域空气质量监测数据共享平台	跨省信息共享平台
2013	长三角地区跨界环境污染纠纷处置和应急联动工作领导小组	为协调、处置重大环境污染纠纷和突发环境事件提供组织平台
2014	长三角大气污染防治协作小组	长三角大气污染防治协作机制正式启动
2017	三省一市大气污染源清单调查和重污染天气预警应急处置协作机制	长三角生态环境保护的大气污染专项行动
2018	长三角区域合作办公室	设立区域协同发展的常设机构
2019	长三角生态绿色一体化发展示范区执行委员会	实施长三角一体化发展战略的先手棋和突破口
2021	长三角区域主要污染物总量协同控制合作备忘录	全面提升长三角区域主要污染物总量控制一体化管理水平
2021	长江三角洲区域生态环境共同保护规划	进一步推动长三角生态空间共保,推动环境协同治理

资料来源：本书作者整理制作。

　　随着长三角一体化的推进,长江经济带下游地区地方政府间关于生态环境协同治理积累了丰富的经验,具有案例研究所强调的典型性特征。由此,本书将长江经济带生态环境保护政府间协同网络的参与主体锁定在江浙沪两省一市的 25 个城市,包括江苏省:徐州、连云港、泰州、淮安、盐城、扬州、宿迁、镇江、常州、南通、南京、无锡、苏州;浙江省:湖州、嘉兴、舟山、绍兴、宁波、台州、杭州、金华、衢州、丽水、温州;以及上海市。研究数据主要为这 25 个城市 2005 — 2021 年的城市日报数据。本书主要通过在读秀数据库和各城市日报官网搜索地方政府间的考察、会议和协议信息以获取数据。本书通过数据处理,最终得到 1339 条有效数据,基于数据,地方政府间合作与协同分析从合作频度、合作形式与合作网络三个方面展开。

二、长三角地方政府间合作状况

地方政府面对跨区域、多主体的公共事务治理，需要不同行政区域以及不同类型主体之间的协调，"涉及多个主体间的交流与合作构成的相互交织关系使得城市群形成合作网络"①。在合作网络中，府际之间的联结和行动基于网络进行。从而，长三角地方政府间的环境合作本质上是府际间网络治理的体现。基于此，对长三角地方政府间的合作频度、合作方式和合作网络的考察有助于理解和呈现长江下游府际合作状况。

（一）长三角政府间合作频度

合作频度往往通过政府间互动的次数来衡量和评价，但是直接使用互动次数难以比较省内城市之间和跨省政府之间的相对值。为了更好地对同级地方政府之间的合作情况进行考察，本书利用网络分析中的"网络密度"测算思路进行数据处理。

通过长江经济带下游 25 个城市合作次数的统计可见（见图 3-4），2005—2021 年长江经济带下游地区 25 个城市生态环境保护合作活动达到1197 次，总体呈现波动上升趋势，说明地方政府间的生态环境合作在逐步增强，政府间关系逐渐呈现协同态势。具体而言，2005—2009 年呈现出显著的上升趋势，2009 年达到一个峰值，之后呈现出较为稳定的状况，合作频次每年在 50—90 次区间波动。究其原因，2009 年召开的长三角环境保护合作联席会议，为苏浙沪三地环保部门合作提供了交流平台，也促进了生态环境保护领域的交流与合作。2021 年的合作水平较低，可能与疫情情境相关，地方政府暂缓或取消了对外开展交流和合作活动。由此可见，长江经济带下游地方政府之间的合作活动在整体上呈现出上升趋势，其协同水平在短期内的变化较为稳定，近年来的合作水平差异较小。这也说明随着生态环境保护意识的增强，长江流域地方政府生态环境协同治理

---

① 锁利铭、阙艳秋、李雪：《制度性集体行动、领域差异与府际协作治理》，《公共管理与政策评论》2020 年第 4 期。

是强化合作关系的过程，即通过加强合作，增强地方政府之间的信任，降低合作成本，从而提升生态环境保护的协同水平。

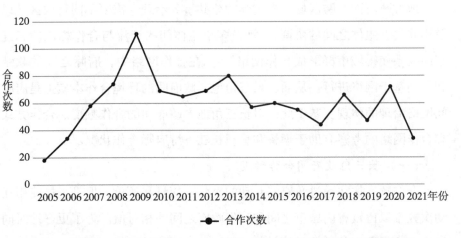

图 3-4 2005—2021 年长江经济带下游 25 个城市生态环境保护合作次数
资料来源：本书作者整理制作。

（二）长三角地方政府间合作形式

地方政府的合作形式主要包括正式和非正式两种。其中，非正式合作是地方政府间或部门间通过"握手"协议完成一次性或阶段性任务，主要表现为论坛、座谈、研讨、培训、会议等互动形式。正式合作指组织间建立制度化的关系，比如签署"合作框架协议""合作备忘录"、建立合作机构。非正式合作中的成员有更高的自主性；正式合作基于区域协同的规则设计能有效克服合作风险，对地方主体有较强约束力。相比较而言，正式合作形式更能表征实质性协同。鉴于非正式合作难以识别且范围广泛，本书通过正式合作考察地方政府间的合作状况。借鉴锁利铭、阚艳秋等对府际协作的考察（2020），本书按照由低到高的合作程度，将地方政府间合作形式划分为考察活动、召开会议和签订协议三种。其中，考察活动更多表征地方政府间合作意愿，合作行为的正式性和实质性较低；签订协议最具有正式性和规范性，表征地方政府间的合作通过实质性的承诺和政策安排落到实处；召开会议的正式性和规范性程度处于考察活动和签订协议的中间。通过合作形式的区分，可以较好地呈现 2005—2021 年长江经济带下游地区江浙沪 25 个城市生态环境保护合作状况（如图 3-5 所示），并由此分析地方政府间政策协同的特征与内在逻辑。

如图 3-5 所示，根据日报数据统计，考察交流、召开会议和签订协议分别占总合作次数的 80.72%、14.50% 和 4.58%。这表明，长江经济带下游地方政府在生态环境保护协同治理中，更倾向于选择正式程度较低、更为灵活松散的考察交流形式，其实是选择召开会议，最后是选择签订协议。值得关注的是，尽管在总体合作形式中签订协议所占比重最低，但 2017 年以来长江经济带下游地区地方政府签订协议呈现逐步上升的态势。这表明，随着长三角一体化的推进，地方政府间合作的意愿更强，更试图通过签订正式性更强、更具有强制约束力的协议强化合作。

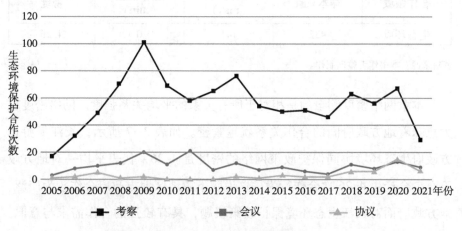

图 3-5　2005—2021 年长江经济带下游 25 个城市
生态环境保护合作方式统计

资料来源：本书作者整理制作。

从会议形式而言，地方政府主要是采取座谈会和交流会的形式，针对生态环境保护具体领域的党政联席会议不多。从签订协议的内容而言，不同领域的协议存在不同特征。在大气污染治理领域，地方政府签订的合作协议往往具有应急性、暂时性特征。如 2021 年上海市嘉定区、江苏省昆山市、太仓市签订《大气污染联防联控合作协议》等。水污染协同治理的协议集中在流域生态补偿、合作工作机制、联合执法等方面,倾向于常态化和长效性的合作内容。

(三)长三角地方政府间合作网络

地方政府间生态环境保护合作网络中,行动者为地方政府,网络关系是地方政府间形成的合作关系。本书通过识别并统计地方政府间的合作关系,经过数据格式转换得到长江经济带下游 25 个城市的网络矩阵,并通过社会网络分析软件 Ucinet 绘制出网络关系图。

表 3-7　2005—2021 年长江经济带下游地方
政府生态环境协同治理网络特征

合作领域	样本总量	合作次数 (max)	合作次数 (min)	密度
生态环境	432	141	0	4.26

资料来源:本书作者整理制作。

本章网络密度测量的是相对于所有关系的平均关系强度。网络密度越大意味着地方政府间的合作关系就越紧密。如表 3-7 所示,长江下游地方政府生态环境协同保护政策网络的密度是 4.26,代表平均一对地方政府至少会产生 4.26 次合作行为。这说明下游地区地方政府合作较为广泛,地方政府面对长江生态环境保护政策议题,具有较强的合作需求与意愿。其中,苏州与其他地方政府的合作次数最多。究其原因,苏州处于太湖流域和长江流域两大水系,生态环境问题更具有跨域性、难度更大,依靠自身力量难以应对。由此,苏州更有合作的优势,寻求生态环境合作的意愿更为强烈。舟山合作次数最少,可能与其特殊的地理位置和生态环境状况相关。

节点地位的分析有助于发现行动者在合作网络中的地位特征,核心—

边缘结构分析有助于破解网络中行动者关系的紧密或疏远。利用 Ucinet 网络分析软件发现（如图 3-6 所示），在长江下游地方政府生态环境合作治理网络中，生态环境合作紧密的核心城市主要集中在江苏省。江苏省地方政府间倾向于形成关系紧密、分布集中的合作网络。边缘城市为金华、台州、衢州、丽水、温州等城市，主要集中在浙江省。边缘城市合作关系相对薄弱，控制资源和信息流动的能力较弱，在生态环境保护合作中发挥着配合、参与的作用。

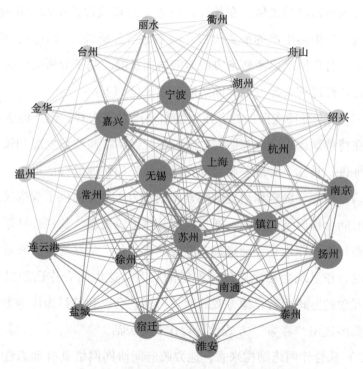

**图 3-6　2005—2021 年长江经济带下游地方
政府生态环境合作治理网络结构图**

（注：三角区域大小代表密度大小，黑色节点代表核心城市，灰色节点代表边缘城市）
资料来源：本书作者整理制作。

总体而言，长江下游地区地方政府间合作关系表现出如下特点：合作频次上，地方政府间合作关系较为稳定，在个别年份呈现出波动；合作方式上，长江下游地方政府更多选择考察交流方式，这说明地方政府在生态环境保护政策议题上具有较强的合作意愿，合作的方式也较为灵活；合作网络上，城市间合作水平差异较大，网络核心城市结构紧密，主要集中在江苏省。

三、地方政府间协同的成效评价

中央政府制定的关于长江经济带生态环境保护政策文件往往具有方向性和原则性，要转化为具体的治理效能，还需要各地方政府的执行。地方政府作为区域治理的主体，在长江经济带生态环境保护中起着衔接关系、执行政策、政策再生产的重要作用。本书通过分析地方政府间合作水平、合作方式、合作网络以考察地方政府间协同状况。基于分析结论和再次研读文献对长江经济带地方政府间协同关系评价如下：

（一）从生态环境保护的合作频度和合作方式来看，长江经济带地方政府间在持续地谋求合作与协同。随着长江经济带高质量发展和长三角一体化的推进，长江下游地方政府间在社会经济的快速进程中形成了复杂的区域结构，生态环境合作治理的探索和创新为本研究提供了观察长江流域地方政府间合作网络的空间。通过网络分析可以发现，长江经济带地方政府间生态环境合作水平在渐进提升并逐渐常态化。从互动频次来看，地方政府间的合作呈现上升之后较为稳定的状态，这说明合作已经显得常态化；从互动的方式而言，地方政府通过考察、会议和签订协议等方式促进合作，更多选用"考察"方式使得合作更为灵活。

（二）从合作网络结构来看，地方政府间协同网络具有动态性，合作的内外驱动力共同推动合作。本书通过观察长江下游"2省1市"中25个城市间合作关系以呈现地方政府间协同状况。通过网络分析发现，在经济活力足、交通网络发达的长三角区域，合作网络呈现出显著的"中心—边缘"特征。事实上，处于中心位置的城市，在网络中表现出争夺资源的竞争关系，这也导致网络中处于中心位置和边缘位置的行动者并不是一成不变。随着驱动力的变迁，地方政府在网络中的位置会发生变化。

这种网络结构及其演化，一方面说明生态环境合作网络具有复杂性和动态性，另一方面也说明了可以通过驱动力的变化促进网络中心位置的变换。

（三）行政边界是促进合作的重要因素。生态环境具有跨域性、外部性和不确定性特征，地方政府合作不仅需要在城市间展开，还需要在省际间推进合作。通过网络分析发现，长江下游生态环境合作以省内合作为主，也折射出长江经济带其他小范围区域合作存在类似特征。这也说明空间邻近性与行政级别的统一性能有效促进合作。但是，生态环境的外部性又要求更大空间范围的协同治理，由此，长江经济带地方政府应以与邻近地方合作为切入点，进而谋求更大范围的合作圈。

第三节　纵向政府协同的分析与评价

协同治理已逐渐被视为解决复杂性、跨域性环境问题的正确途径。在长江经济带生态环境保护政策协同中，协同治理的实践可谓层出不穷：如2014 年建立的长三角区域大气污染联防联控机制；2021 年建设长江中游的洞庭湖、鄱阳湖生态保护补偿机制；2021 年重庆市与四川省建立水生态环境保护联席会议协调机制，推动流域生态环境保护跨区域合作。已有研究显然更侧重于地方政府的横向关系，纵向政府关系尚未受到应有的关注。事实上，纵向政府关系在区域合作和政策协同中至关重要。正如Heinelt 等人所言，在缺乏高层级政府选择性激励的背景下，地方政府之间的横向合作很难达成预期目标[①]。只有纵向推动和横向合作相结合，才能更好地推动政策协同与区域合作。

在中国情境中，区域合作也经历过纵向与横向政府关系此消彼长的过程。但是，不管机构如何改革和央地关系如何调整，纵向政府协同和横向政府协同不可或缺，即区域协同治理不仅需要依靠地方政府的横向合作与

---

① Hubert Heinelt&Daniel Kübler, *Metropolitan Governance*：*Capacity，Democracy and the Dynamics of Place*，London：Routledge，2005，pp.188-201.

协同，还需要中央政府的介入与促进。这也就意味着，长江经济带生态环境保护政策议题中，除了中央政府部际间的协同和地方政府间的横向合作，自上而下的制度安排、纵向干预与嵌入的影响也是政策协同中不容忽视的重要方面。但纵向政府干预和介入在长江经济带地方政府协同中具体包括哪些形式、具有什么特征、该如何评价？这是进一步的研究需要回答的问题。

一、纵向政策主体协同的难点

纵向政策主体关系涵盖面广，不仅包括央地关系、省级与市级、市级与县级等直线纵向关系，还包括斜向关系，主要有中央政府生态环境部与各级地方生态环境及相关职能部门、地方政府及其生态环境相关职能部门关系等。由此可见，长江经济带生态环境保护纵向政策主体错综复杂，非一章节所能驾驭。鉴于央地关系具有典型性和代表性，为更好地聚焦研究主题，本书对于长江经济带生态环境保护纵向政府关系聚焦"央—地"情境，即中央政府和省级政府之间的关系，探讨中央政府和省级政府如何在组织层面发生变革并推动流域地方政府协同。

本书关于纵向政府间协同的研究沿着"难点—分析—评价"的思路展开。长江经济带生态环境保护政策议题的纵向政府关系中存在介入过度和介入不足等困境。具体表现为：

（一）纵向政府过度介入与介入不足

中央政府和省级政府可以通过纵向层级制有效控制下级地方政府行为。在长江经济带生态环境保护政策议题中，上级政府有可能会通过纵向层级制过度介入，甚至干扰下级政府的自愿性协同行为。与此同时，中央和省级政府又可能存在介入不足。事实上，在长江经济带生态环境保护议题中，纵向政府的参与介入可以起到调解纠纷、分配任务、界定权利、协调利益等作用，解决地方政府之间参与意愿不足、能力不够的问题。但在环境污染治理、化工企业异地搬迁等问题中，上级政府又面临政治激励不足与财政约束等问题，存在制度供给不足的情况。这也使得地方政府缺乏环境治理的动力和能力，政策协同更是无法有效地达成，或在一定程度上大打折扣。

（二）上级政府政策"悬浮"

近年来，长江经济带生态保护与修复受到各级政府重视并取得重大成效。但在长江经济带区域经济社会发展不平衡、不充分的具体情境中，生态保护目标与生态资源开发利用之间仍存在矛盾。"生态优先、绿色发展"目标和生态环境保护政策实施的跨域性为地方政府提供了较大的策略选择空间，长江经济带生态环境保护政策协同的实践也远远不止"中央顶层设计—地方政策合作"一幅图景，也可能呈现出更为复杂而多样的逻辑和图景。如从 2018 年 12 月 14 日、2019 年 11 月 12 日、2020 年 12 月 1 日、2021 年 12 月 23 日播出的长江经济带生态环境警示片所反映的问题来看，长江沿岸有些地方政府对长江经济带生态环境保护存在思想认识欠缺、政策难以落实、监管不力等问题。特别是在多任务情境中，地方政府既要完成"耕地占补平衡指标"，又要"恢复生态系统"。面对相互冲突的政策，地方政府可能"为获得耕地占补平衡指标而毁林开垦"。由此可见，长江经济带生态环境保护领域可能存在政策目标相互冲突的情景，导致上位政策悬浮，政策目标和措施衔接脱节。

（三）地方政府"脱耦"

脱耦指组织过分发展象征性环境行为而忽视实质性环境行为而导致的行为偏差。在制度分析中，下级政府的政策制定与执行被认为是地方政府在外生制度压力下开展的制度化尝试。如果缺乏足够的动力与压力，地方政府在跨区域性生态环境保护问题上的合作可能流于形式，协同更是难以推进。

由此可见，长江经济带生态环境保护纵向政府协同并非自然而然实现，存在上级介入不足或介入过度、政策"悬浮"和下级政府"脱耦"等困境，需要通过纵向政府更好地调整以实现协同，促进流域生态环境的改善。

二、纵向政府协同的组织形式考察——以"领导小组"为例

面对纵向政府间存在的介入不足或介入过度、政策"悬浮"和下级政府"脱耦"等现象,跨域性协同治理实践也作了组织途径的回应。中国问题研究专家李侃如曾经指出,"中国的政治体制中充满了尚未成为制度的组织"①。事实上,这些尚未制度化的组织在组织协调上发挥着重要作用。在长江经济带生态环境保护政策议题中,中央政府与省级政府之间的上传下达需要相应的组织作为互动管道和通道,包括有常设性的科层组织、任务型组织和衍生型组织。相比较而言,基于分工的常设性的科层组织以及政治体制在实践中存在协调困难、效率低下的困境。类似"长江委"的任务型组织能在一定程度上发挥协调作用,但效果有限。值得关注的还有"领导小组"这一类组织,"领导小组"也是李侃如描述的尚未制度化、高活跃度、高隐蔽性的特殊组织。在央地互动中,"领导小组"往往专门负责重要的新型和交叉型事务②,是中央与地方政府在面对跨域性问题时在组织层面变革作的重要尝试。2016年重庆召开的关于长江经济带发展的座谈会上,习近平总书记就强调"推动长江经济带发展领导小组要更好发挥统领作用","发展规划要着眼战略全局、切合实际,发挥引领约束功能"。此外,在区域协调发展领域,中央层面的"中央区域协调发展领导小组"于2013年成立,主要功能为加强统筹协调和督促检查。在中央小组的引领下,江西、甘肃等地成立地方小组。由此可见,在追求纵向政府协同中,中央和地方领导小组扮演着重要角色。

在追求纵向政府协同中,"领导小组"如何变迁,其内在逻辑是什么?这是对纵向政府协同评价的前提。本书以"推动长江经济带发展领

① 〔美〕李侃如:《治理中国:从革命到改革》,胡国成等译,中国社会科学出版社2010年版,第209页。
② 周望:《"领导小组"如何领导?——对"中央领导小组"的一项整体性分析》,《理论与改革》2015年第1期。

导小组"为观察对象，通过"领导小组"的运行逻辑展开纵向政府协同的组织学分析。

（一）"推动长江经济带发展领导小组"概况

推动长江经济带发展需要建立统筹协调、规划引领的领导体制和工作机制。2014年，为了更好地统一指导和统筹协调长江经济带发展，中央层面成立了"推动长江经济带发展领导小组"，隶属于"中国共产党中央委员会"，依托国家发展和改革委员会设立办公室。长江经济带9省2市自2015年起分别成立推动长江经济带发展领导小组，其组长均为省委常委或直辖市市委常委成员（如表3-8所示）。

表3-8　中央和地方"推动长江经济带高质量
发展领导小组"基本情况（部分）

	成立时间	组长职务	办公室主任	成员相关部门
中央小组				
推动长江经济带发展领导小组	2014年	中央政治局常委、国务院副总理	国家发展改革委主任	
省、市一级地方小组（部分）				
上海市推动长江经济带发展领导小组	2015年	市长	上海市发展改革委主任	交通、经济信息化委、科委、商务委、卫生计生委、教委、建设管理委、政府法制办、环保局等
浙江省推动长江经济带发展领导小组	2015年	常务副省长	省发改委主要负责人	省级相关部门
安徽省推动长江经济带发展和生态保护领导小组	2015年	省委常委、常务副省长	省发展改革委主任	教育厅、科技厅、经济与信息化委、财政厅、人力资源社会保障厅、国土资源厅、环保厅等
江西省参与"一带一路"建设和推动长江经济带发展领导小组	2016年	省委副书记	省发改委党组书记	商务厅、外侨办、交通运输厅等
市、区一级地方小组				

续表

	成立时间	组长职务	办公室主任	成员相关部门
北碚区推动"一带一路"和长江经济带发展领导小组		区委副书记、区政府区长	区发展改革委主任	财政局、经济信息委、教委、商务局、民政局、环保局、林业局、旅游局等
内江市推动长江经济带发展领导小组	2019年	市委副书记、市长	市发展改革委主要负责同志	法院、检察院、宣传部、经济与信息化局、财政局、生态环境局等
温州市推动长江经济带发展领导小组	2018年	常务副市长	市发改委主要负责人	市发改委、水利局、环保局、交通运输局等部门
荆州市推动长江经济带发展领导小组	2018年	市长	市发改委主要负责人	发改委、住建委、经信委、财政局、交通运输局、农业局、水利局等

资料来源：本书作者整理制作。

中央及地方"推动长江经济带发展领导小组"具有"领导小组"的共性，在纵向关系中扮演着"中心枢纽"的角色，能有效调动各地区、各领域、各部门积极性与资源。因此，"推动长江经济带发展领导小组"成立对于长江经济带生态环境保护的意义不言而喻。依托领导系统和执行系统的共同行动，加强"推动长江经济带发展领导小组"的中央小组和地方小组纵向联动，能有效推动生态环境保护的政策协同。

（二）中央及地方"推动长江经济带发展领导小组"的运行特征

"领导小组"横跨党政两大系统，运用高密度权力配置来解决公共事件，兼具强政治势能特征的制度安排。在中国国家治理中，领导小组办公室是关键行动者之一。周望把中央领导小组的功能归纳为归口领导体制的支持性机制和常设组织体系之外的备用性机制。这意味着，"中央领导小组"因其特殊的人员构成和功能设计，能有效协调各个"口"的工作，并由此促进横向和纵向政策协同。"推动长江经济带发展领导小组"在推动纵向政府协同中呈现出"领导小组"的共性，主要表现为三个方面。

1. 领导系统的科学决策和高位推动。

"领导小组"推动跨域协同的效果往往与负责人级别成正比关系，即负责人级别越高，"小组"的协调与执行能力更强。在长江经济带发展中，中央处于"上游"位置，负责决策指挥环节，并凭借其高政治势能"悬浮"于其他部门之上。推动长江经济带发展领导小组的组长、副组长及其成员可以充分利用原有职务的权威促成横向和纵向的信息沟通。这也意味着，领导小组的运行依托于正职负责人"借力"现有正式结构的领导权威实现党政部门间的横向和纵向互动。

推动长江经济带发展领导小组能发挥多部门联动优势，最大程度上实现政策制定的科学化。首先，领导小组可以利用高层会议机制实现快速政治动员。通过高层会议，"领导小组"能将相关部门人员快速聚集起来。国务院副总理作为领导小组的组长，具有"中央政治局常委"和"国务院副总理"等多重身份，在高层会议上能组织小组成员参与并确保小组成员最大程度上达成解决问题的共识。领导小组成员也是身兼相关部门的主要负责人，能够把"共抓大保护，不搞大开发""生态优先，绿色发展"等会议精神和要求"带回"到各自部门中去，并且依据会议精神制定部门政策，消化并落实会议精神。这样可以有效解决跨层级、跨部门之间分散制定政策的难题。

此外，领导小组可以通过高位推动实现决策的有效传递。一方面，领导小组组长是中央政治局常委，实现了党的领导"在场"；另一方面，领导小组组长的国务院副总理身份具有动员相关行政部门执行决策的权威。领导小组组长及其成员的"兼职"模式带来了多重权威身份，长江经济带高质量发展议题具备更多优先权，领导小组也以更高一级的权力地位统御各组成部门之上，发挥决策指挥、执行协调、监督协调等作用。相关部门的政策制定和执行效率在"高配"党政精英的坐镇指挥下得以提升。

2. 政策执行系统的纵向联结与嵌入。

推动长江经济带发展领导小组的地方小组是中央领导小组的执行系统。中央和地方小组以"纵向嵌入"的方式对地方政府和相关部门实施影响。一方面，地方小组作为中央小组的同质性机构，地方小组成立时在"授命"的同时也获得了"授权"，享有中央小组延伸而来的权威。另一方面，地方小组基本由省委常委、副省长担任组长，小组成员由相关职能部门负责人组成，办公室主任由省级发展与改革委员会主任"兼任"。这种"兼职"模式使得地方小组和中央小组一样具有了多重权威，可以纵向嵌入地方治理之中，对地方政府进行一定程度的干预，并联结中央小组和地方职能部门，实现信息的上传下达。

首先，地方小组严格执行中央小组政策，反馈地方执行政策信息，以此推动纵向政府间联结。长江经济带省（直辖市）一级的地方小组是中央小组与市、县之间政策执行链条的中间环节，打通中央与地方的信息管道，克服"条块分割"结构导致的"碎片化"。一方面，地方小组需要贯彻中央小组的意志，执行中央小组的政策，使得长江经济带绿色发展政策落实于基层。当中央小组召开会议并部署高质量发展的重大举措后，地方小组能迅速回应，基于地方知识形成更为具体的政策并向下一级政府和横向职能部门作出部署。另一方面，地方小组通过下一级政府、职能部门会议汇报、审议下一级政府文件的形式将地方在推进长江经济带发展中的进程、问题、难点等信息集中到地方小组，进而反馈到中央小组并形成其决策的重要信息来源。

其次，省级地方小组作为一种高位性权威嵌入地方政府治理中，确保高质量发展的举措高效落实。一方面，地方小组办公室主任往往为地方发展和改革委员会主任，成员为相关职能部门的主要负责人，由此可以起到监管职能部门的作用，以防政策在执行中出现目标替代、象征性执行等偏差。另一方面，地方小组还能通过督导、约谈、听取汇报等方式，监督同级职能部门和下一级政府强化目标、自我约束和调整，确保政策落地。

3. 反馈系统的信息反馈与政策调整。

地方小组的运行呈现"联结两端"的特征，即既要将上级领导小组的意图和政策落实到企业和基层政府，又要把基层政府、企业等相关者的情况汇报给上一级领导小组。由此，地方小组的触角能向下延伸到基层社会，对其进行"嵌入式治理"，主要表现为三个方面。首先，在推进长江经济带高质量发展和生态环境保护工作中，省（市）一级地方小组会对接中央生态环保督察工作，对中央生态环保督察整改工作进行再部署再推动，"再研究再落实"。如 2021 年 12 月在中央和地方"领导小组"会议上播放长江经济带生态环境警示片。经由警示片"披露"问题后，沿江省市形成各自问题清单，开展"一事一策"的责任制和"销号制"解决问题。其次，省（市）一级地方小组通过警示片反映的问题要求地方政府及职能部门进行整改，并将整改情况进行公示。具体来讲，各省市会根据警示片和环保督察所披露的问题逐个制定并向上级领导小组报送详细整改方案，明确整改任务、工作目标、主体责任、监管责任和时限要求，确保整改到位。最后，中央小组根据生态环境部对长江生态环境状况进行"体检"的结果，考察整改情况并采取措施。针对地方政府整改不力的情况，生态环境部会采取约谈等方式督促重金属污染、自然保护区生态破坏、生活垃圾填埋场环境等问题得到有效解决。中央小组和地方小组也会根据其高位会议机制迅速联动。由此可见，各级推动长江经济带发展领导小组能通过同质化的层级制形成"发现—交办—整改—销号"的闭环工作机制，更好地实现上传下达，使得政策制定与执行不走样，形成协同机制。

三、纵向政府协同的评价

总体而言，政策作为国家治理的载体，追求纵向政府间协同是推进长江经济带生态环境保护的重要途径和视角。在实践领域，中央与地方政府通过"推动长江经济带发展领导小组"等特殊组织，也通过常设机构、双重领导体制等制度安排促进纵向政府主体间协同。通过重点考察中央和地方"推动长江经济带发展领导小组"的运行特征可以发现，中央和各级地方政府通过成立"推动长江经济带发展领导小组"等衍生组织发挥协调作用，纵向政策主体间呈现出嵌入式协同逻辑。

（一）纵向政策主体间呈现出嵌入式协同治理的逻辑和特征

具体而言，中央和地方通过成立"推动长江经济带发展领导小组"形成条块结合的组织平台，并嵌入中央与地方政府日常运转中。作为非常态情境下的治理机制，推动长江经济带发展领导小组的中央小组和地方小组要求"党政同责""一岗双责"，由此具备"党的领导在场""高密度集合型政治权力结构"和"领导—执行"的领导机制推动长江经济带生态环境保护和绿色发展。从纵向政府间沟通、关联、反馈的运行逻辑看，中央小组作为领导系统，发挥高位推动、科学决策的作用；地方小组作为执行系统，发挥纵向嵌入、联结两极、协调部门的作用。领导系统和执行系统互相配合、协同发力，促进党政系统自上而下地释放政治势能、自下而上地反馈信息并调整政策，形成政策的动态协同。

（二）纵向政策主体间的协同蕴含垂直化改革与制度化运作因素

推动长江经济带发展领导小组作为典型的议事协调机构，其运行过程中的垂直化改革与制度化运作直接决定了政策协同的实现程度。

纵向的垂直化改革表现为各级政府成立推动长江经济带发展领导小组，形成立体式组织活动网络，并通过保障议程设置优先权、全体会议和专题会议发挥工作指导、协调部门工作的作用。首先，领导小组通过高层领导的权威获得更多的注意力资源，在政策议程设置中也因此获得优先权，形成长江经济带议题与其他政策议题的"势差"。在"生态优先，绿色发展"的政策遵循下，生态环境保护政策议题也因此具有了相对优先权。这种优先权能向下级政府释放明确信号和强激励，从而获得政治支持和整合资源。此外，明确信号和强激励能有效引起下级政府对长江经济带生态环境保护的关注。这也促使各级政府及其职能部门主动进行调适与变革，将领导小组作为一个彰显权力、表达政治忠诚和凸显政绩的平台。由此可见，领导小组能有效整合地方政府多任务情境中的"碎片化"部门，将多层级、多任务的日常治理模式转变为多层级、单任务的临时性治理，形成合力推进长江经济带生态环境保护。其次，通过全体会议和专题会议等方式促进部门分工与区域合作。即领导小组能通过分配固定任务、年度任务和专项任务达成分工。最后，通过领导小组平台，相关部门指定的联络员更有可能开展彼此间的协调联络工作。

纵向主体的协同还包括监督检查、考核评估等制度化运作以维持央地"履责"。推动长江经济带发展领导小组办公室，也即"牵头部门"内设机构于发展与改革委员会，除了承担日常工作，还需指导、协调和督促各级地方政府推动长江经济带发展的具体进展。为实现这一目标，领导小组办公室建立一系列督促检查机制，以确保长江经济带发展政策落实。此外，领导小组办公室通过各种考核评估机制对各级地方政府形成压力，将各种生态环境保护活动纳入可控的运行轨道，以此促进地方政府主动寻求合作。

（三）长江经济带生态环境保护纵向政策主体间的协同注重信息畅通

信息是决策的基础，信息的质量与决策的科学性息息相关。信息质量的高低与信息渠道有着重要关联。美国学者认为："由于可以对沟通渠道进行设计，其结构就能够从成本最小化的角度加以选择。特别是，可以通过对规则的适当选择来提高渠道的效能。"[①] 纵向政府间生态环境保护的信息渠道是上级政府获取下级政府生态环境保护信息的途径总和。信息渠道畅通则表示上级政府能掌握下级政府环境投入及其绩效的真实状态。信息渠道不畅通主要表现为地方政府对属地生态环境保护的真实信息采用隐瞒、篡改甚至是欺骗等手段"应对"。在长江经济带生态环境保护政策议

---

① ［美］肯尼斯·阿罗:《组织的极限》，华夏出版社 2014 年版，第 62 页。

题中，为减少地方政府的机会主义行为，一方面从内部控制的思路剥夺下级政府环境剩余信息生产权和激励权，另一方面通过技术逻辑构建环境信息流动机制。

1. 通过推动长江经济带发展领导小组的纵向监管体制改革，上收环境监测事权，压缩地方政府策略性应用地方信息优势的空间，从而增强纵向政府间生态环境治理信息的对称性，减少下级政府在多层级委托代理结构下产生的道德风险。

2. 通过强化中央环保督察制度，上收下级政府生态环境保护剩余信息激励权，增强纵向政府间的信息对称性。为了增强地方政府生态环境保护信息的可信度与准确性，中央采取环保督察、"回头看"制度常规化方式，以此强调长江经济带环境监测机构的垂直化管理。环保督察组采用信息多来源方式，包括使用国控监测点数据以及开放环境质量群众反映、举报、揭发等各种信息管道以获取地方长江经济带生态环境保护的真实情况，并将不实成分的举证责任赋予地方党政领导及其属地环保职能部门等，由此体现了"督企"向"督政"转变的逻辑。

3. 通过技术赋能的全景式信息披露打通纵向政府间信息通道。随着现代信息技术的发展，长江经济带生态环境保护纵向政策主体间的信息处理交由信息与通信技术载体承担，可以降低信息获取、收集和传播成本，在流域范围内建立起互通型的信息披露与流动机制。

本 章 小 结

政策主体作为长江经济带生态环境保护中的主导行动者，其合作关系对于政策的协同实现与否及在多大程度上实现至关重要，是推进协同治理的前提。长江经济带生态环境保护政策主体具有广泛性和复杂性。一定程度而言，长江经济带生态环境协同保护主体主要体现为政府间关系的协同，即纵向的关系协同和横向的关系协同。本书在横向和纵向二分法分析框架的基础上对长江经济带生态环境保护中中央政府层面横向部门间联合发文、横向市际政府间合作、纵向政府间协同作了分析与评价。分析发现，纵横交错的网络结构为长江经济带生态环境协同保护提供了组织基础，起到了价值共创、信息贯通、横向合作的成效。

一、纵向嵌入与横向合作有机配合形成政策网络

纵向行政权力是网络经线，各层级政府在长江经济带生态环境保护中起到"提纲挈领"的主导作用。横向政府在政策网络中起到"穿针引线"的沟通和协调作用，它们镶嵌于政策网络中，成为网络的横向关联节点。如果说中央政府部际间联合发文是多部门协同制定高质量政策，地方政府间合作则是为了更好地执行政策。当地方政府因为驱动力不足导致合作水平不高时，"领导小组"通过定期召开小组会议和开展领导小组活动，能够促进地方政府之间达成合作、地方政府部门之间建立起信任关系，由此推动横向和纵向协同。因此，中央政府部际间、地方政府间和纵向政府嵌入式三种协同相辅相成、不可或缺，形成一个复杂而又完整的政策网络。

二、重塑政府间关系

在长江经济带生态环境协同保护领域中，由科层制结构和领导小组等政策主体形成的网络结构除了实现信息的上传下达，还能够重塑政府间关系。领导小组与科层制结构关系复杂，既建立在科层制结构基础上，又嵌入并重塑科层制结构。一方面，科层制结构对领导小组的产生与运行进行塑造，进而影响领导小组的功能发挥；另一方面，领导小组本身具有的灵活性和弹性也重塑了正式的科层制结构。

一方面，科层组织结构塑造了领导小组基本架构和运行状态。作为科层组织的协调机制，中央及地方"推动长江经济带发展领导小组"依附正式科层组织结构进行构建，悬浮于政府部门之上并超越单个行政部门的职责范围，具有清晰的层级和序列。领导小组成员构成由部门职务决定，

但并不改变既有的政府组织体系和机构设置。从行为方式而言，中央和地方领导小组的决策过程需要遵循正式规则，以会议沟通和协商为主。由此可见，高层领导通过"挂帅"方式将权威传递给领导小组，使小组机制不仅仅是一种程序化、制度化的协调机制，还是一种以正式科层制组织为工具的协调机制。

另一方面，"推动长江经济带发展领导小组"对科层结构进行重塑。中央及地方"推动长江经济带发展领导小组"的组织结构具有"中轴依附"和"虚实结合"特征，其灵活性和弹性空间能重塑科层组织结构。具体而言，领导小组的成员有小组长、副组长、小组成员、办公室，围绕"领导成员—牵头部门—办事机构"的主线运转。此外，领导小组本身是非实体化的，在组织形成联结的过程中尽可能将涉及的职能部门悉数吸纳，以实现部门捆绑。在此基础上，领导小组重塑政府组织结构，与作为成员单位的业务部门一同构建等级化的矩阵式组织结构。而矩阵式组织结构在传递信息、解决冲突和组织协调方面具有技术优势。简而言之，领导小组打破了横向部门之间的壁垒，也改变了纵向层级之间的制度关系，在正式结构之外构建了非正式结构，实现了部门和资源的广泛动员和利益协调。

三、形成"共抓大保护，不搞大开发"的价值共识

"共识"就是观念、价值以及意见一致。作为分析中国政策过程的核心概念，在公共政策中，学术界越来越认可将意识、认知以及价值等隐性、无形的因素视作促成合作及其稳定性的重要因素。在长江经济带高质量发展的价值观中，"绿色发展，生态优先""共抓大保护，不搞大开发"作为中央与地方政府制定和执行政策的根本遵循日益深入人心，并逐渐获得道德上的恰当性和法律上的合法化。结果是，这一"理论化"促进了"客观化"。组织决策者在对价值观达成一定程度共识的基础上，推行"绿色发展，生态优先"的高质量发展相关政策所遇到的阻力更小，更能

激发地方政府政策创新动力。

　　当然，作为一个典型的"带状"流域，长江经济带区域间存在差异化较大、政治权力分散等因素，也存在斜向府际、"十字形"等复杂关系。由此可见，长江经济带生态环境保护政策主体协同，无论是作为学术研究的新议题，还是作为需要解决的现实问题，政策主体协同是一个值得关注、有待继续挖掘的空间。

第四章　长江经济带生态环境
协同保护的政策内容

　　政策作为一种集体行动，不仅需要从组织结构的研究途径考察政策主体，还需要从动态研究途径考察政策内容。这个动态的政策变迁是系统增加信息或负熵的过程，提高负熵能促进系统有序演化。长江经济带生态环境保护政策是一个开放系统，中央政府和地方政府政策主体不但需要与外部进行物质流、能量流、信息流的交换，以适应变化发展的外部环境，还需要对政策内容进行不断的调适和完善，向协同发展。致力于更加全面地对长江经济带生态环境保护政策展开评价，本章试图从协同视角进一步考察和评价长江经济带生态环境保护政策的内容。

第一节　政策内容信息收集与处理

　　为确保政策文献数据的有效性，本章的样本与第三章样本保持一致。其中，政策文献所包含的数据信息有政策名称、发文时间、发文单位、效力级别、法规类别以及政策全文。与政策主体侧重利用政策名称、发文时间、发文单位数据信息有所不同，政策内容主要利用效力级别、法规类别以及政策全文三个方面的数据信息。本章致力于从协同视角分析和评价长江经济带生态环境协同保护的政策内容，即从政策内容调适的动态性特征发现政策要素"协同"的真实状况。基于此种研究需要，本章的研究方法主要利用内容分析法。在确定研究对象和研究方法的基础上，本章研究的开展还包括确定分析维度、政策文本编码、政策量化操作手册及其信度与效度等方面的准备。

一、确定分析维度

公共政策是一定时间、一定空间的函数。长江经济带生态环境保护政策功能的发挥势必受到一定时间、空间内各种因素的制约，也会随着时间的推移和空间的扩展发生变化。因此，为更好地分析和考察长江经济带生态环境保护政策内容的特征，需要构建一个以时间和空间为线索的分析框架。为了更好地反映政策的内容效度，确保分析的科学性和合理性，本书从政策内容的核心要素入手，从政策力度、政策目标、政策工具三个维度进行分析。

（一）政策力度

政策力度是反映政策法律效力大小的重要指标。如何衡量政策力度，已有做法是根据政策颁布部门的级别与政策类型，分别为政策赋予一定的数值。通过政策力度维度对长江经济带生态环境保护政策进行量化分析，能较好地反映政策的内容效度。这是因为内容效度可以由研究对象本身来保证。

（二）政策目标

政策目标是一项政策在未来一段时间所要实现的目的。事实上，政策目标作为重要的政策要素，对公共问题的解决以及在多大程度上解决发挥着重要作用。但是，在政策实际运行中，政府机构的复杂性往往导致政策目标具有差异性，甚至存在目标冲突。冲突的解决途径是政府机构之间通过动态的相互适应和协调配合实现不同政策目标之间的"协同"。

本书所述政策目标特指长江经济带生态环境保护政策制定和执行所要实现的目标，蕴含长江经济带生态环境保护政策中多元主体的价值共识，是相关政策主体进一步制定政策和执行政策的思路与依据。根据2017年7月发布的《长江经济带生态环境保护规划》中对政策目标的设定，本书通过内容解读和编码认为长江经济带生态环境保护政策理念为和谐、健康、清洁、优美、安全等五个方面。以五个方面的政策理念为基础，长江经济带生态环境保护的政策目标包括：合理利用水资源、保育和恢复生态系统、维护清洁水环境、改善城乡环境和控制环境风险五个方面（如表4-1所示）。与政策理念保持一致，本书将政策目标界定为这五个方面，以更好地分析政策的连续性和一致性。

表4-1　长江经济带生态环境保护政策目标的编码分析

编号	政策理念	政策目标编码
1	和谐	1 合理利用水资源
2	健康	2 保育和恢复生态系统
3	清洁	3 维护清洁水环境
4	优美	4 改善城乡环境
5	安全	5 控制环境风险

资料来源：本书作者整理制作。

（三）政策工具

政策工具作为一种"治理策略"，是政策问题与政策目标的桥梁。政策工具的选择及其优化配置是政策制定和执行过程中的一个重要环节，其对于政府实现政策目标至关重要。这意味着政策工具及其组合能影响政策目标能否实现以及在多大程度上实现。为了实现长江流域生态环境治理目标，多年以来我国政府运用多种政策工具及其组合以改善生态环境保护绩效。一定程度而言，对政策工具进行分析和探讨可以打开政策"黑箱"发现政策内容调适的真实情况。

从长江经济带环境污染治理政策工具分类来看，已有研究主要从"强制性"的程度进行类型学划分，即命令控制型、市场激励型、合作型三种类型。以三种政策工具类型为基础，本书综合已有关于生态环境治理的研究构建了长江经济带生态环境治理政策工具分类框架，主要包括命令控制型、市场激励型和多元主体合作型三种政策工具及其子类型，如表4-2所示。

表 4-2 长江经济带生态环境保护政策工具分类

政策工具类型	政策工具子类型
命令控制型	环境保护目标责任与考核、环境影响评价、环保"三同时"验收、环境标准体系、监测网络构建、污染物排放总量控制、污染物排放许可制、限期治理、产业结构调整与优化、行政问责、法规管制、规划指导、行政审批、环境风险防控、环境巡查与督察
市场激励型	排污收费、资源利用权和排污权有偿使用与交易、超标处罚、财政补贴与奖励、税收优惠、绿色金融、生态补偿、价格杠杆、环境污染责任投保
多元主体合作型	环境标志、清洁生产、环境污染第三方治理、环保技术改造、环境信息公开、环境保护宣传教育、企业与公众参与、科技培训与推广、组织协调与合作、资源集约利用、区域合作、政策协同

资料来源：本书作者整理制作。

二、政策文本编码

本书确定分析维度及其关键字的后续工作是利用 NVivo10 软件建立节点并对政策文本进行编码。社会科学学者常用的编码方式有两种：第一种是根据研究主题形成研究框架，设计编码节点，通过对节点的深入挖掘形成更为细致的编码；第二种是以扎根理论为方法论指导，按照一级编码、二级编码和三级编码的步骤逐级编码建构理论。鉴于政策工具有公认并清晰的划分，这种较为成熟的分类与框架使得编码既具有可信度，又因为在多次学术研究的检验中保证了其准确性。因此，本书采用第一种编码方式，即在业已形成的政策工具分类框架基础上，对政策文本通过分门别类的编码溯及长江经济带生态环境保护政策内容调适的内在逻辑。

三、政策量化操作手册及其信度与效度

（一）政策量化操作手册

正如前文所言，政策力度、政策目标和政策工具三个维度能较好地反映政策内容实质，对其进行量化分析和长时段的考察，能反映政府要素发挥作用过程中政策主体的理念、方式发生着怎样的变化。由此，本书对长江经济带生态环境保护政策内容的量化分析从政策力度、政策目标和政策工具三个方面展开。

政策力度反映政策法律效力的大小。根据政策属性和政策颁布机构的级别，本书给各政策分别赋值5、4、3、2、1以表征政策力度的大小（如表4-3所示）。具体而言，以2002年国务院颁布的《规章制定程序条例》为依据，借鉴已有做法，长江经济带生态环境保护的政策力度评分规则为：颁布机构级别越高，政策类型越严格，政策力度得分就越高。需要强调的是，如果政策类型属于联合发文，赋值以最高级别颁布机构为准。

表4-3　长江经济带生态环境保护政策力度的量化标准

政策属性	得分	政策力度的量化标准
A	5	全国人大及常委会制定的法律
B	4	国务院制定的条例、指令、规定；各部委的命令
C	3	国务院制定的暂行条例、规定、方案、决定、意见、办法、标准；各部委制定的条例、规定、决定
D	2	各部委制定的意见、办法、方案、指南、暂行规定、细则、条件、标准
E	1	通知、公告、规划

资料来源：张国兴、高秀林、汪应洛等：《中国节能减排政策的测量、协同与演变——基于1978—2013年政策数据的研究》，《中国人口·资源与环境》2014年第12期。

政策目标是政策所要实现的目的。在量化过程中，本书借鉴张国兴、高秀林、汪应洛等学者的做法，根据政策文献中所蕴含的政府对具体目标态度的强硬、表述明确程度为政策目标赋予5至1分的数值①，具体量化操作方式如表4-4所示。

---

① 张国兴、高秀林、汪应洛等：《中国节能减排政策的测量、协同与演变——基于1978—2013年政策数据的研究》，《中国人口·资源与环境》2014年第12期。

表 4-4 长江经济带生态环境保护政策目标量化标准

	得分	政策目标的量化标准
合理利用水资源	5	明确提出江湖关系趋于和谐；明确提出有效保护和合理利用水资源，并有明确的用水总量、万元 GDP 用水量下降额等数量化和年份规划；明确提出保障生态流量
	3	明确提出江湖关系趋于和谐；明确提出有效保护和合理利用水资源；明确提出保障生态流量；对于上述目标缺乏年度和具体指标的设计和规划
	1	水资源利用目标阐述抽象、模糊
保育和恢复生态系统	5	明确提出增强水源涵养、水土保持等生态功能，明确提出提升湿地生态系统稳定和生态服务功能，增加自然保护区，增强生物多样性；用对森林覆盖率、干支流岸线保有率、湿地面积等具体指标体现保育和恢复生态系统目标
	3	明确提出增强水源涵养、水土保持等生态功能，明确提出提升湿地生态系统稳定和生态服务功能，增加自然保护区，增强生物多样性等目标；对目标停留在宏观的设计上，缺乏具体指标和数量化支撑
	1	仅提及上述条款，缺乏操作性
维护清洁水环境	5	提出水环境质量持续改善，干流水质保持在优良水平，饮用水水源水质提升等目标；利用废水主要污染物排放量减少数额、地表水质量达标率等具体指标表征水环境改善
	3	提出水环境质量持续改善，干流水质保持在优良水平，饮用水水源水质提升等目标；没有具体年份和具体指标的量化
	1	仅提及上述条款
改善城乡环境	5	提出城市空气质量持续好转、保障土壤环境安全等目标；运用城市空气优良天数比例、废气主要污染物排放总量减少率、受污染耕地安全利用率等指标进一步具体化，使之具有操作性
	3	提出城市空气质量持续好转、保障土壤环境安全等方向性、原则性目标，没有进一步细化指标，缺乏可操作性
	1	仅提及上述条款
管控环境风险	5	提出健全涉危企业环境风险防控体系、控制环境风险，并通过突发环境事件总数下降比例的具体指标使之细化
	3	提出健全涉危企业环境风险防控体系、控制环境风险，没有具体年份和指标的设计
	1	仅提及上述条款

注：4 分与 2 分的量化标准分别介于 5 分和 3 分的量化标准之间。

资料来源：本书作者整理制作。

政策工具是"公共物品和服务的供给方式和实现机制，即各种主体尤其是政府为了实现和满足公众的公共物品和服务的需求所采取的各种方法、手段和实现机制，也是为了满足公众需求而进行的一系列的制度安排"①。在政策工具量化中，本书根据政策工具描述得详细程度、细化程度和执行力度等为各政策工具赋予5、4、3、2、1的分值，具体操作手册见表4-5。

表4-5　长江经济带生态环境保护政策工具量化标准

	得分	政策工具的量化标准
命令控制型	5	对产生污染的企业严格实行环境保护目标责任与考核、环境影响评价、环保"三同时"验收、环境标准体系；制定监测网络构建、污染物排放总量控制、污染物排放许可制度；对环保督察中发现的问题要求相关部门限期治理，明确提出产业结构调整与优化的措施和要求；提出行政问责、法规管制、规划指导、行政审批、环境风险防控、环境巡查与督察方式
	3	提出对产生污染的企业严格实行环境保护目标责任与考核、环境影响评价、环保"三同时"验收、环境标准体系；提出行政问责、法规管制、行政审批、环境督察等手段和措施。但均未制定具体方案
	1	政府对生态环境保护控制松散；只提及上述条款
市场激励型	5	明确提出绿色金融、价格杠杆、环境污染责任投保等激励目标和方向；制定排污收费标准，制定资源利用权和排污权有偿使用与交易制度，明确超标处罚、财政补贴与奖励、税收优惠、生态补偿的标准和额度
	3	提出绿色金融、价格杠杆、环境污染责任投保等市场激励的措施，提及采用排污收费标准，制定资源利用权和排污权有偿使用与交易等方式
	1	仅提及上述条款
合作型	5	提出环境标志、清洁生产、环境污染第三方治理等政策目标，制定具体的环境信息公开、信息共享等制度，积极开展环境保护宣传教育，开拓企业与公众参与管道，积极开展科技培训与推广，致力于实现组织协调与合作、资源集约利用、区域合作
	3	倡导多元主体合作，提出环境信息公开、信息共享等手段，提及组织协调与合作、资源集约利用、区域合作
	1	仅提及上述条款

注：4分与2分的量化标准分别介于5分和3分的量化标准之间。
资料来源：本书作者整理制作。

① 陈振明：《政策科学教程》，科学出版社2015年版，第55页。

（二）效度与信度

本书依据政策类型和发文机构对政策力度进行打分。为了保证政策评判的准确性和有效性，本书参考已有做法，咨询并请教专家，确定出长江经济带生态环境保护政策力度的赋值标准。与此同时，在逐字逐句研读政策内容的基础上，研究者列出各条政策在政策目标和政策工具维度上重要的打分点，初步确定每条政策的政策目标和政策工具的赋值标准。

在已经初步确立的政策量化标准基础上，纳入政策研究人员（高校教师4名）和地方生态环境保护局工作人员1名组成评估小组。经过培训、预试、调试等阶段，最终形成正式的政策量化标准，作为政策量化的操作手册。这样的打分过程符合学术研究的需要，较好地保证最终研究结果的信度。

四、数据处理

按照前文操作手册对政策力度、政策目标和政策工具三个方面打分后，本部分将对数据作进一步的处理。一般来说，政策力度越大，政策工具越明确，政策目标越清晰，政策总效力越高。因此，在得到政策力度、政策目标和政策工具三个维度的得分后，利用式（1）对每一年度内政策的三个维度进行处理，计算出每一年度长江经济带生态环境保护政策的总效力。利用式（2）计算每一年度政策的平均效力。

$$YTPE_i = \sum_{j=1}^{N} pe_j \times pm_j \times pg_j \quad i = [1997，2021] \qquad (1)$$

$$YPE_i = \frac{\sum_{j=1}^{N} pe_j \times pm_j \times pg_j}{N} \quad i = [1997，2021] \qquad (2)$$

式（1）中，i 表示年份，N 表示第 i 年中央政府及其职能部门颁布的政策数目，j 表示第 i 年发布的第 j 项政策，pe_j 表示第 j 条政策的政策力度得分，pm_j 表示第 j 条政策的政策目标得分，pg 表示政策工具得分，$YTPE_i$ 表示第 i 年的政策总效力。

政策目标协同考察的是多个不同政策目标之间的一致性程度。一般来讲，政策力度越大，政策目标越明晰，政策目标之间的协同度越高。同理，政策力度越大，政策工具越具体，政策工具之间的协同度越高。因此，本书参考张国兴、高秀林、汪应洛等学者测算政策目标协同和政策措施协同的做法，利用公式（3）测算政策目标协同、公式（4）测算政策工具协同[①]。

$$PGJ_i = \sum_{j=1}^{N} pe_j \times pg_{js} \times pg_{jt} \quad s \neq t, \ i = [1997, \ 2021] \qquad (3)$$

$$PMJ_i = \sum_{j=1}^{N} pe_j \times pm_{jk} \times pm_{jl} \quad k \neq l, \ i = [1997, \ 2021] \qquad (4)$$

式（3）（4）中，PGJ_i 表示第 i 年长江经济带生态环境保护政策目标协同度。其中，pe_j 表示第 j 条政策力度得分。pg_{js} 和 pg_{jt} 表示第 j 条政策中 s 和 t 政策目标的得分。s 和 t（$s \neq t$）表征从合理利用水资源、保育和恢复生态系统、维护清洁水环境、改善城乡环境、管控环境风险五个政策目标中选取出两个目标并测算两者的协同度，共计可以计算得出 $C_5^2 = 10$ 种政策目标协同数据。同样的思路，pm_{jk} 和 pm_{jl} 表示第 j 条政策中第 k 和 l 项政策工具得分，k 和 l 表示从行政控制型、市场激励型和多元主体合作型 3 项政策工具中两两组合来测算政策工具协同，共计可以得出 $C_3^2 = 3$ 种政策工具协同指标。在测算时，本书根据政策的废止、不同时期政策的重叠等特殊情况进行了调整。

第二节　长江经济带生态环境保护
政策效力的分析与评价

为了在同一个层面对政策内容进行分析，更好地反映政策效力、政策

---

① 张国兴、高秀林、汪应洛等：《中国节能减排政策的测量、协同与演变——基于1978—2013 年政策数据的研究》，《中国人口·资源与环境》2014 年第 12 期。

目标协同、政策工具协同的状况，本书以 1997—2021 年中央政府颁发的政策为研究样本。

一、政策总效力分析

图 4-1 显示了 1997 年至 2021 年，中央政府颁布长江经济带生态环境保护政策的总效力和平均效力的变迁状况。从图 4-1 可以发现，20 世纪 90 年代以来，中国政府颁布的长江经济带生态环境保护政策总效力在不同年份存在波动，但总体趋势体现为上升状态。这表明随着生态环境问题变得严重，长江经济带协同治理需求变得强烈，长江经济带生态环境保护问题所受到的注意力越来越多。具体而言，政策总效力的变迁呈现出 2004 年、2015 年两个关键时间节点，由此呈现出三个阶段，与政策主体变迁呈现出大致的同步状态。

2004 年之前，长江经济带生态环境保护政策总效力的变迁较为平稳，但处于政策总效力不高的状态。再次查阅和审视 2004 年之前的政策文献内容及其得分，分析发现 1997 年、1999 年和 2003 年得分较高。究其原因，1997 年，由交通部、建设部和国家环境保护总局联合发文《防止船舶垃圾和沿岸固体废物污染长江水域管理规定》。该规定明确了保护长江水域环境的政策目标，重点关注船舶垃圾和沿岸固体废物污染长江水域环境问题，政策效力较高。1999 年，国务院颁布《国务院关于长江上游水污染整治规划的批复》，政策效力较高。该项政策文献一方面重点关注长江上游，另一方面侧重强调解决水污染问题。2003 年，国家环境保护总局印发的《长江三峡库区水污染防治规划阶段性验收及饮用水源安全评价工作技术大纲》，政策效力较高。该项政策针对三峡库区的水环境安全提出具体措施。由此可见，2004 年之前，中央政府关注到长江流域生态环境保护政策议题，但不具有全局性和全面性。从地理空间考察，中央政府关注到长江流域的一个区域或者重点区域，并没有重点强调流域的整体性和流动性。生态环境问题包含的领域较多，但从出台的政策文献可以看出，中央政府重点关注环境污染问题，包括水污染、固体废物污染和船舶垃圾污染等。这也在一定程度上反映了长江流域生态环境保护政策推进中存在的问题机制，即问题变得严重而显著时更可能受到关注并进入政府议事日程。

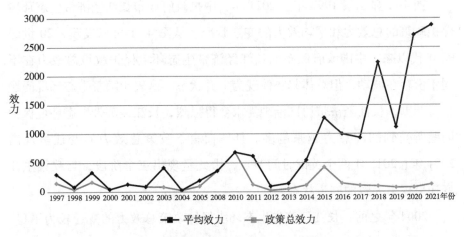

图4-1　政策总效力和平均效力的变迁图

资料来源：本书作者整理制作。

2005年至2015年，长江经济带生态环境保护政策总效力呈现出进一步稳步增长的特征。再一次审阅这一期间的政策文献发现，2008年发布的《国务院关于进一步推进长江三角洲地区改革开放和经济社会发展的指导意见》、2011年发布的《长江中下游流域水污染防治规划（2011—2015年)》和2014年的《国务院关于依托黄金水道推动长江经济带发展的指导意见》得分较高。具体而言，《国务院关于进一步推进长江三角洲地区改革开放和经济社会发展的指导意见》中提出要"切实加强资源节约和环境保护"，到2020年要实现"主要污染物排放总量得到有效控制，单位地区生产总值能耗接近或达到世界先进水平，形成人与自然和谐相处的生态环境"的政策目标，合理利用水资源的政策目标逐渐具体化。《国务院关于依托黄金水道推动长江经济带发展的指导意见》提出"生态文明建设的先行示范带"战略定位，也擘画出一幅"使长江经济带成为水清地绿天蓝的生态长廊"图景。从几项重要政策文献可以看出，生态环境保护政策议题受到重视，被置于与经济建设"并驾齐驱"的位置。但是，"生态优先"并未凸显，其中暗藏的逻辑貌似可以理解为政策朝着"绿色发展"前行，但当生态环境保护与经济发展发生矛盾时，生态环境的破坏可能沦为经济发展要付出的代价。《长江中下游流域水污染防治规划（2011—2015年)》一文重点强调了长江中下游地区的水污染防治问题，凸显了流域的中下游区域和生态环境保护中维护清洁水环境政策目标。从重要的政策文献可以看出，这一阶段的长江经济带生态环境保护政策重点关注到了空间地理上的中下游、生态环境保护中的水污染防治，依然呈现出局部性和滞后性特征。

2016年至2021年，长江经济带生态环境保护政策总效力波动较大，总体呈现出急剧上升趋势。再次查阅并研读政策文献发现，2017年由环境保护部、国家发展改革委、水利部联合发文《长江经济带生态环境保护规划》，2019年由生态环境部、国家发展和改革委员会联合发文《长江保护修复攻坚战行动计划》，2020年12月全国人大常委会通过《中华人民共和国长江保护法》三个政策文献政策总效力相对较高。具体而言，《长江经济带生态环境保护规划》提出了具体的政策目标和政策措施，并形成了具体的路线图和时间线，成为地方政府制定和落实长江经济带生态环境保护政策的重要依据。《长江保护修复攻坚战行动计划》提出确保长江生态修复、环境质量改善的政策目标，致力于水资源保护、水生态修复、水污染治理，政策设计更为细化、更具可操作性。《中华人民共和国长江保护法》作为第一部关于长江流域高质量发展的法律，其立法思路紧扣长江流域生态环境保护的整体性和系统性，为长江经济带生态环境保护提供法律依据、法律支持与法律保障。这也标志着长江治理逐步进入法治、系统的轨道。由此可见，在这一阶段，随着"生态优先，绿色发展"发展原则的确立，中央政府发布的政策逐步全面、系统、细化。

二、政策平均效力分析

为了弄清楚引起长江经济带生态环境保护政策总效力增强的原因，本书进一步分析了年度平均政策效力的变迁过程（如图4-1所示）。长江经济带生态环境保护政策的平均效力于2010年和2015年出现小幅度波动，总体呈现出较为平稳的态势。本书通过重新查阅政策文献及其打分发现，这两个年份颁发的政策数量较少导致了政策年度平均效力较高。政策平均效力的总体趋势呈现出不同年份波动较大。本书对影响平均政策效力的平均政策力度得分、平均政策工具得分和平均政策目标得分三个因素进行分解测算，并绘制出三个因素各年随时间变化的状况（如图4-2所示）。从曲线图可以发现，随着长江经济带生态环境保护政策议题逐渐受到重视，各年平均政策目标和政策工具得分在2015年之后呈现出逐渐上升的趋势。这也意味着2015年之后，政策目标得分和政策工具得分在上升的同时，平均政策效力得分呈现出波动甚至下降趋势。具体而言，从时间维度比较和分析发现，长江经济带生态环境保护政策平均效力的特征主要体现在三个方面。

图4-2 政策力度、目标和工具年度得分的变迁趋势

资料来源：本书作者整理制作。

1.2010 年之前，长江经济带生态环境保护政策数量不多，且多数以命令或法律的形式发布，这导致了 2010 年之前平均效力相对较高。而在 2015 年之后，中央政府每年颁布的长江经济带生态环境保护政策数量大幅度增加，但多数政策的属性为通知或方案，政策力度较小，这也导致 2015 年之后政策的平均政策效力与 2010 年之前的政策效力基本持平。这一结论也说明长江经济带生态环境保护政策总效力的增加很大程度上是由逐渐增加的政策数量推高的。政策多以通知或方案的形式发布，这说明政策的发布者力图采用更为灵活、多种政策工具组合改善长江经济带生态环境保护绩效。

2. 政策目标得分呈现出 2015 年之前平稳发展、2015 年之后逐步上升的趋势。通过查阅政策文献原文及其打分可以发现，中央政府政策设计中的政策目标发生着由局部、分段向全面、全流域的系统化、整体性方向变化。早期的长江流域生态环境保护政策目标主要集中于"维护清洁水环境"，"保育和恢复生态系统""改善城乡环境""管控环境风险"等政策目标关注不多。这说明早期长江流域水污染问题更具有显著性和严重性。在长江经济带高质量发展上升为国家重大战略后，生态环境保护政策议题逐渐清晰，政策目标的设定逐渐呈现出全面、细化特征。

3. 与政策目标得分基本同步，政策工具得分也呈现出 2015 年之前平稳发展、2015 年之后逐步上升的趋势。同样，通过查阅政策文献原文及其打分可以发现，中央政府政策设计中的政策工具呈现出由单一、抽象向多样和细化转变的特征。总体而言，政策工具中的命令控制型政策工具使用频次最高，但 2005 年之前的政策文献表述普遍较为笼统和抽象。随着理论和实践的发展，特别是 2017 年《长江经济带生态环境保护规划》出台后，时间表和路线图逐渐细化，政策工具也随之细化和清晰化，年度政策工具得分也随之上升。

通过对政策效力进行统计和历时性分析可以发现，长江经济带生态环境保护政策平均效力中政策力度、政策目标和政策工具得分趋势较为一致。相较于政策总效力总体呈现出上升趋势，政策平均效力得分趋势较为平缓。究其原因，2015 年之前中央政府发布的政策尽管政策目标和政策工具得分不高，但政策数量较少、政策力度较大；2015 年之后中央政府每年发布的政策中政策目标和政策工具得分较高，但是每年政策数量多、政策力度小。这几个因素的互动导致了政策平均效力较为稳定的趋势。

三、政策效力评价

政策效力是反映政策约束力大小的指标。通过对政策文献进行量化分析可以发现，政策总效力、政策目标得分和政策工具得分总体呈现出上升趋势，平均效力较为持平甚至呈现出下降趋势。基于此，本书作出如下评价：

（一）长江经济带生态环境保护政策制定机制持续完善

随着长江经济带生态环境保护重要性日益凸显，中国政府不断强化并完善长江经济带生态环境保护政策。政策制定机制完善除了通过政策文献数量的增加得以实现，还通过颁布具有不同效力的政策加以凸显。通过检索政策文献，中央与地方政府自 1997 年开始发布关于长江生态环境保护政策。1997—2021 年，由全国人大及其常委会、国务院颁布的政策属性为 A 和 B 的政策累积数量每年基本保持在 0—3 条。正因为政策属性为 A 和 B 的政策对长江经济带发展具有深远影响、更具有战略意义，全国人大及其常委会、国务院对属性为 A 和 B 的政策发布尤为慎重。随着各部委在政策制定中发挥越来越重要的作用，属性为 C 和 D 的政策累积数量呈现出平稳增长趋势。属性为 E 的政策效力较小，累积数量呈现出显著的上升趋势。正是不同属性、不同约束力政策的出台，形成了长江经济带生态环境保护政策抽象与具体、整体和细化、战略和策略的互补，政策制定机制得以持续完善。

（二）长江经济带生态环境保护政策效力具有短期应急效应

政策的短期应急效应从政策目标和政策工具效力的变迁趋势中得以体

现。2015 年以前，政策目标效力与政策工具效力处于波动较小的低水平状态。2014 年长江经济带上升为重大国家战略发展区域，2015 年起中国政府颁布的政策不仅数量多，政策目标效力和政策工具效力也随之增强。但是，2015 年之后的政策属性多为通知、公告等政策力度较小的政策，所以政策平均效力呈现出持平趋势，与政策总效力总体上升趋势并不均衡。事实上，政策效力不高不利于政策的完善和生态环境绩效的改善。因此，中央政府和地方政府在后续长江经济带生态环境保护政策的制定中，重视制度的系统性顶层设计的同时，应一定程度增强政策的属性力度。

（三）长江经济带生态环境保护政策具有长期累积效应

政策的长期累积效应体现在政策目标效力与政策工具效力逐渐增长态势，这也进一步说明政策效力增强具有渐进性特征。随着长江经济带高质量发展要求的提出，中央政府和地方政府对长江经济带生态环境保护也给予了越来越多的关注，在政策内容的生产与再生产中除了体现在政策数量的增长外，还表现为每年累积政策目标效力和政策工具效力逐渐增强。此外，累积政策总效力变迁趋势与政策目标效力与政策工具效力变迁趋势具有同步性。这说明中国政府关于长江经济带生态环境保护政策设计中，政策目标越来越清晰和细化，政策工具也越来越多样化，强调多措并举，尽可能避免政策执行中因为政策设计的模糊性和冲突导致政策"空转"。

第三节　长江经济带生态环境保护政策目标协同的分析与评价

2023 年，习近平总书记在江西省南昌市主持召开进一步推动长江经济带高质量发展座谈会并指出，长江经济带高质量发展需要增强区域交通互联性、政策统一性、规则一致性、执行协同性。由此可见，政策一致性对于长江经济带生态环境协同保护具有重要意义。在政策协同研究中，为了更好地开展政策内容分析，彭纪生、仲为国等把政策内容细化为政策力度、政策目标和政策措施三个方面（2008）。政策内容调适可从政策目标之间的协同、政策措施之间的协同来展开分析，由此考察政策一致性程度。张国兴、高秀林等沿袭了类似的研究思路，从政策目标的协同和政策措施的协同研究政策的协同问题（2014）。由此可见，已有研究从政策目标、政策措施维度开展内容分析，得到学术界的认可，为本书提供了参考。本书借鉴彭纪生、张国兴等学者的做法，从政策目标和政策工具进一步探讨长江经济带生态环境保护政策。

一、长江经济带生态环境保护政策目标的分析

确立政策目标是构建和完善政策系统的首要任务。长江经济带生态环境保护政策的主要目标是合理利用水资源、保育和恢复生态系统、维护清洁水环境、改善城乡环境和管控环境风险五个方面，年度得分如图 4-3 所示。从图 4-3 可以看出，随着时间的变化，保育和恢复生态系统政策目标得分呈现出较高趋势。这说明在政策设计中，保育和恢复生态系统越来越受到重视。在生态环境保护政策议题中，中央政府逐渐确立"深入实施山水林田湖草一体化生态保护与修复"的执政理念，摒弃过去"头痛医头脚痛医脚"的做法。这也说明保育和恢复生态系统相较于其他几项政策目标更具有包容性和综合性，在政策文献中出现频率最高。维护清洁水环境的年度得分仅次于保育和恢复生态系统，这说明维护清洁水环境是长江经济带生态环境保护政策设计中的重要方面，水环境清洁与否能直接反映生态环境保护成效大小。合理利用水资源和管控环境风险的年度得分较为接近。自 2004 年以来，管控环境风险呈现出较为稳定的上升趋势。这说明随着危机管理的全面展开，长江经济带生态环境保护领域的环境风险也越来越受到关注。改善城乡环境的年度得分趋势也呈现出上升趋势，但得分相对较低。这说明城乡环境中的空气质量、土壤状况开始受到关注，但关注度还是低于"水"这个核心要素。

总体而言，长江经济带生态环境保护政策中五个方面的政策目标自

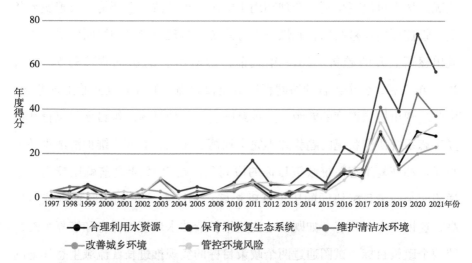

图4-3　长江经济带生态环境保护各项政策目标的年度得分变迁趋势图

资料来源：本书作者整理制作。

2015年之后均呈现出上升趋势，但政策目标之间呈现出不均衡的上升趋势。具体而言，保育和恢复生态系统、维护清洁水环境两个政策目标得分较高，受到的关注较多，协同较高。合理利用水资源和改善城乡环境得分较低，受到的关注较少，协同也相对较低。

二、长江经济带生态环境保护政策目标协同的分析

通过政策目标的统计与分析可以发现，长江经济带生态环境保护政策目标所受到的关注并不均衡。1997年至2021年合理利用水资源、保育和恢复生态系统、维护清洁水环境、改善城乡环境和管控环境风险分别占所有颁布政策中政策目标的比例分别为14.60%、32.87%、20.94%、13.13%和18.46%。其中，保育和恢复生态系统、维护清洁水环境是长江经济带生态环境保护政策中确立最多的两个目标。为突出重点和方便分析，本书在探究政策目标协同中重点考察其他政策目标与保育和恢复生态系统、维护清洁水环境政策目标的协同。

图4-4显示了其他政策目标与保育和恢复生态系统目标的协同变迁

状况。从中可以观察到，合理利用水资源、维护清洁水环境、改善城乡环境、管控环境风险与保育和恢复生态系统均呈现出较高的协同状况，并表现出逐渐上升的趋势。2015 年之前，四对组合的协同程度较为均衡；2015 年之后，各个组合的协同程度出现较大幅度的提升且开始出现差异，由此呈现出协同程度的差距。这也意味着，其他具体政策目标与保育和恢复生态系统协同状况的趋势并不完全均衡。相比较而言，维护清洁水环境与保育和恢复生态系统政策目标的协同程度在 2015 年之前就比较高，这说明两个政策目标协同的历史基础较好；2015 年之后的协同程度依然最高，这说明中央政府一如既往地注重维护清洁水环境与保育和恢复生态系统两个政策目标，试图通过两个政策目标的实现推进长江流域生态环境的改善。改善城乡环境与保育和恢复生态系统政策目标的协同程度在 2015 年之前比较低，2015 年以后的协同程度提升也较为缓慢，协同程度呈现出较低态势。这说明中央政府在细化这两项政策目标时，给予的资源配置和关注并不同步。合理利用水资源与保育和恢复生态系统、管控环境风险

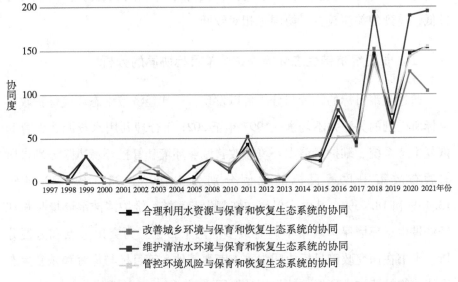

图 4-4　其他政策目标与保育和恢复生态系统政策目标协同的变迁趋势图

资料来源：本书作者整理制作。

与保育和恢复生态系统协同程度的波动及提升状况较为相近。这说明中央政府对这三项政策目标给予了同等的关注。

图 4-5 显示了其他政策目标与维护清洁水环境协同过程的变迁状况。如图 4-4 所示，合理利用水资源、改善城乡环境、管控环境风险、保育和恢复生态系统与维护清洁水环境具有较好的协同关系。虽然不同目标与维护清洁水环境的协同程度不是完全均衡，且在不同年份存在较大波动，但总体呈现出逐渐上升的趋势。具体而言，2013 年是重要的分水岭年份。2013 年之前，其他政策目标与维护清洁水环境目标之间的协同程度不高且较为平稳。2013 年之后其他政策目标与维护清洁水环境目标的协同程度逐渐增强且存在波动。其中，保育和恢复生态系统与维护清洁水环境两个目标之间的协同程度在 2013 年之前呈现出较高趋势，2013 年之后呈现出持续增强且保持高位态势。这说明随着人们生态环境保护意识的加强，中央政府在强调维护清洁水环境的同时，也强调生物多样性维护等生态系

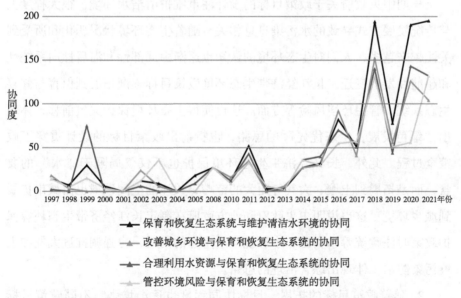

图 4-5　其他政策目标与维护清洁水环境政策目标协同的变迁趋势图

资料来源：本书作者整理制作。

统恢复目标，全方位开展生态环境保护。相比较而言，管控环境风险与维护清洁水环境目标程度协同较低。究其原因，维护清洁水环境更具有显著性和迫切性，与经济发展模式、产业升级等息息相关，往往具有滞后性特征；管控环境风险则意味着将生态环境保护关口前移，具有超前性。由此可见，两项政策目标在时序上的侧重点有所不同，这也导致两个政策目标并不完全同步，协同性不高。

三、长江经济带生态环境保护协同政策目标的评价

随着长江经济带生态环境保护的推进，在长江经济带生态环境保护政策的设计与制定中，中央政府在细化政策内容时越来越注重政策目标的系统性、整体性和一致性。由此，政策目标及其协同可以做出如下评价：

1. 政策目标逐渐拓展。

早期中央政府关于政策目标的设计注重维护清洁水环境，很大程度上与传统发展方式导致的水污染息息相关。随着生态环境状况恶化和所受到关注越来越多，人们对生态环境的认知也逐渐由局部性和滞后性向系统性和超前性发生变迁。长江经济带生态环境政策目标逐渐拓展到保育与修复生态系统、管控环境风险等方面。这也使得生态环境保护关口前移，体现出"绿色发展，生态优先"的思路，也折射出政策目标的设计贯穿了政策全过程。此外，长江经济带生态环境保护也不仅仅局限于"水"的要素，而是拓展到土壤、大气等更大的范畴，关注的空间领域也由城市扩展到城乡环境。这也说明中央政府和地方政府在制定长江经济带生态环境保护政策时注重统筹水资源、水环境、水生态的同时，也强调推进大气和土壤污染防治，体现出综合治理的思路。

2. 随着政策目标的拓展，目标协同程度也逐渐增强，不同政策目标之间的不协调与冲突通过调适能在一定程度得到改善。

随着人们对长江生态环境系统性认知的深化，中央政府在政策设计

中对水、空气、土壤等要素给予了越来越多的关注，尤其从 2013 年开始更加显著。各政策目标之间的协同状况呈现出波动较小的上升趋势。特别是保育与恢复生态系统、维护清洁水环境和合理利用水资源三项政策目标协同程度较高。这说明长江经济带高质量发展中最为核心的因素是"水"。经济发展需要利用"水"资源，又可能排放出污水。"水"这个核心要素处理不好，会产生破坏生态系统、影响城乡环境、产生环境风险的连锁反应。由此，中央政府在政策设计中围绕"水"这个核心要素，逐步推进生态环境保护。此外，尽管改善城乡环境、管控环境风险与其他政策目标协同水平相对不高，但从历史维度考察，两项政策目标与其他政策目标的协同水平呈现出上升趋势。这说明随着政策目标的确立，我国政府通过逐步细化与目标调适提升政策目标之间的协同水平。

3. 政策目标的不均衡与协同动力并存。

长江经济带生态环境保护政策目标主要由中央政府及其部委制定并实施，但其变迁的核心动力来自中央政府及其有关部委之间互动与博弈所作出的理性选择。通过对政策目标两两协同情况进行测算可以发现，中央政府及其部委对不同政策目标重视程度的差异性直接影响政策目标之间的协同程度。近些年来，保育和恢复生态系统、维护清洁水环境逐渐受到关注，两项政策目标的协同程度也随之上升。管控环境风险强调生态环境保护的超前性，维护清洁水环境则侧重事后治理，两项政策目标在时序上的不一致导致了协同程度较低。从政策目标协同并不均衡的状况而言，在未来政策目标的设计中需要进一步确立合理利用水资源和维护清洁水环境的基础性地位。与此同时，城市空气质量改善、土壤环境安全、环境风险管控等政策目标也不容忽视。事实上，政策目标之间也不可能完全同步。相反，正是这种不同步、不均衡形成了协同的动力。这也再次说明，协同是一个过程，协同永远在路上。

第四节 长江经济带生态环境保护政策
工具协同的分析与评价

生态环境政策工具经历了一系列变革，形成了三次理论浪潮及相应的政策主张。第一次浪潮奉行环境干预主义，主张采用命令控制手段。第二次浪潮奉行市场环境主义，主张基于所有权的市场调控机制，采用污染税（费）、交易许可证、环境补贴等政策工具推进环境保护。第三次浪潮以自主治理理论为基础，认为政策制定应该从政府、社群和资源使用者的相互补充与合作中进行制度创新。这三种政策工具各有所长，也有难以逾越的障碍。在现实的运用中，三种政策工具具有历时性和共时性，政府也往往实施多元政策工具组合使其协同推进生态环境绩效的改善。

在长江经济带生态环境保护政策议题中，中央与地方政府颁发多项政策，多措并举改善生态环境。围绕政策内容调适的研究主题，本书有必要进一步分析三种政策工具及其协同以更深入地对政策内容展开评价。

一、长江经济带生态环境保护政策工具类型分析

（一）政策工具子类型分析

在对政策工具进行分类的基础上，本研究应用 Nvivo11 软件对政策文献进行逐件逐条编码，共得到 2818 条政策工具措施。从政策工具类型分布来看，中央政府与地方政府的差异较小，即从中央到地方一致地表现为命令控制型政策工具使用最多，合作型政策工具次之，市场激励型政策工具使用最少，如表 4-6 所示。

表 4-6 长江经济带生态环境治理政策工具类型分布

	命令控制型		市场激励型		多元主体合作型		合计
	#	%	#	%	#	%	#
中央	686	65%	96	9%	272	26%	1054

		命令控制型		市场激励型		多元主体合作型		合计
		#	%	#	%	#	%	#
长江下游	上海	86	69%	3	2%	36	29%	125
	江苏	142	71%	6	3%	51	26%	199
	浙江	203	68%	11	4%	82	28%	296
	安徽	117	62%	12	6%	61	32%	190
长江中游	江西	38	61%	8	13%	16	26%	62
	湖北	165	72%	21	8%	52	20%	258
	湖南	68	60%	8	7%	37	33%	113
长江上游	重庆	166	67%	23	9%	59	24%	248
	四川	93	65%	12	10%	31	25%	126
	云南	15	54%	2	7%	11	39%	28
	贵州	84	71%	10	8%	25	21%	119

"#"表示政策编码数量，单位（条）

资料来源：本书作者整理制作。

（1）命令控制型政策工具分析。

表4-7 命令控制型政策工具子类型的政策数量分布 （单位：条）

子类型	中央	上海	江苏	浙江	安徽	江西	湖北	湖南	重庆	四川	云南	贵州
规划指导	144	16	28	73	33	13	49	27	35	20	4	31
法规管制	164	14	17	27	21	5	20	9	29	23	0	9
环境目标责任与考核	71	10	13	28	13	4	23	11	11	7	2	9
监测网络构建	56	5	12	14	6	1	13	2	17	4	4	5
修建环保基础设施	53	12	11	14	5	3	6	5	3	3	0	7
环保巡视与督察	36	3	6	2	0	0	12	2	10	4	2	1
违规惩处	13	3	14	1	11	3	4	2	19	9	1	0
行政审批	22	2	6	3	12	3	6	0	9	5	0	3

续表

子类型	中央	上海	江苏	浙江	安徽	江西	湖北	湖南	重庆	四川	云南	贵州
环境风险防控	11	11	10	21	7	0	8	0	16	10	0	6
行政问责	11	0	7	0	3	2	4	3	11	2	0	0
污染物排放总量控制	32	5	6	9	2	2	4	1	2	0	1	2
限期治理	18	0	7	2	2	1	1	0	0	2	1	2
环境影响评价	18	1	0	6	0	0	6	2	0	3	0	3
产业结构调整与优化	30	4	4	3	2	1	6	4	0	0	0	6
环保"三同时"验收	7	0	1	0	0	0	0	3	0	4	1	0
合计	686	86	142	203	117	38	165	68	166	93	15	84

资料来源：本书作者整理制作。

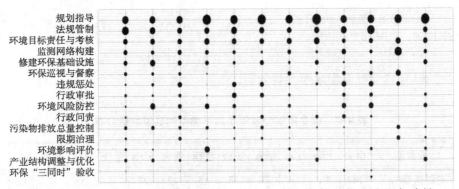

图4-6　长江经济带生态环境治理命令控制型政策
工具子类型的政策比例分布（单位：%）

资料来源：本书作者整理制作。

　　表4-7和图4-6给出了命令控制型政策工具子类型的政策数量及其比例分布。从政策数量和比例来看，中央与地方政府差异不大，都更多地采用了"规划指导""法规管制""环境目标责任与考核""环境监测网络构建""环保基础设施建设""环境风险防控"等命令控制型政策工具，

尤其是以"规划指导"的政策工具为主。

政策差异在于，从长江下游地区来看，上海、江苏、浙江除了与中央政府一样采用"规划指导"和"法规管制"的政策工具之外，更多地采用修建环保设施、环境风险防控、违规惩处、环境目标责任与考核的命令型政策工具。由此可见，长江下游地区更多地通过政策制定来防范环境危机，这可能与长江下游工业化程度更高、进入环境风险高发阶段有关，地方政府因此对生态环境议题更具有主动性和前瞻性。此外，违规惩处、环境目标责任与考核等更多命令控制型政策工具的运用也说明长江下游地区生态环境治理的压力型体制明显。

长江中游地区的江西、湖北和湖南特别强调"环境监测网络构建"和"修建环境保护基础设施"，这说明中游地区除了强调企业的环境监管之外，还强调环境治理的能力建设。

长江上游的重庆、四川、贵州和云南除了较常用的"规划指导""法规管制"等命令控制型政策工具之外，云南省特别强调了"环境巡视与督察"政策工具，即通过科层运动化治理方式推动环保相关部门贯彻落实环保政策。

总体而言，命令控制型政策工具能在较短时间内实现环境治理效果，在适用效果的可达性和确定性方面存在优势。但是，命令控制型政策工具存在较高的监督和制裁成本、对企业缺乏足够的激励、适用范围有限等局限性，可能使得区域环境治理效果缺乏可持续性。

（2）市场激励型政策工具分析。

表4-8　市场激励型政策工具子类型的政策数量分布　（单位：条）

子类型	中央	上海	江苏	浙江	安徽	江西	湖北	湖南	重庆	四川	云南	贵州
财政奖励与补贴	31	0	2	1	1	1	5	3	7	7	0	1
生态补偿	18	1	1	5	2	4	1	1	2	0	2	2
绿色金融	17	1	2	3	3	0	11	1	2	0	0	2

续表

子类型	中央	上海	江苏	浙江	安徽	江西	湖北	湖南	重庆	四川	云南	贵州
资源与排污权的有偿使用与交易	6	1	0	1	6	3	3	2	3	0	0	3
超标罚款	8	0	1	0	0	0	0	0	7	5	0	0
排污收费	13	0	0	0	0	0	1	0	1	0	0	1
环境污染责任保险	2	0	0	0	0	0	0	0	1	0	0	1
税收优惠	1	0	0	0	0	0	0	1	0	0	0	0
合计	96	3	6	11	12	8	21	8	23	12	2	10

资料来源：本书作者整理制作。

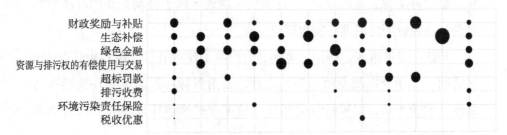

图4-7 长江经济带生态环境治理市场激励型政策
工具子类型的政策比例分布（单位:%）

资料来源：本书作者整理制作。

　　表4-8和图4-7分别给出了市场激励型政策工具子类型的政策数量及其比例分布。整体而言，中央与地方政府较多地使用"财政奖励与补贴""生态补偿""绿色金融""资源与排污权的有偿使用与交易""排污收费""超标罚款"。

　　从"财政补贴与奖励"和"绿色金融"工具的使用来看，中央政府在出台政策中频频出现"加大资金投入"字眼，这也表明了中央政府通过公共财政资源投入方向的选择将生态环境所获得的注意力落到实处。对于地方政府而言，江苏、湖南、四川三省主要采用了"财政奖励与补贴"

的市场激励型政策工具。"绿色金融"则强调通过主体多元化来扩大环保资金来源，上海、江苏、湖北三省市将此作为主要的市场激励型政策工具。这两项政策工具的使用说明长江经济带生态环境治理的资金投入是生态环境改善的重要前提条件。

从"生态补偿"的工具来看，中央政府和地方政府差异不大。2018年，中央专门出台政策提出生态补偿的重要性及其指导意见。"生态补偿"也成为上海、浙江和云南最为强调的政策工具。特别是云南省，在有限的政策工具数量中强调生态补偿的组织协调。事实上，由于利益博弈等方面原因，生态补偿也是流域生态环境治理最主要的瓶颈问题之一。

从"资源与排污权的有偿使用与交易"和"超标罚款"两项工具来看，中央政府与地方政府的选择存在差异。中央政府更多地提出指导性意见。上海、安徽、江西、湖南较多地选择"资源与排污权的有偿使用与交易"，强调市场的自由选择和事前调控；重庆和四川强调"超标罚款"政策工具，表现的是事后控制，政府"强制性"色彩更为浓厚。

（3）多元主体合作型政策工具分析。

表4-9　多元主体合作型政策工具子类型的政策数量分布（单位：条）

子类型	中央	上海	江苏	浙江	安徽	江西	湖北	湖南	重庆	四川	云南	贵州
跨部门协调与合作	49	8	11	3	21	3	11	7	25	9	4	3
能力建设	87	3	9	37	12		12	13	10	4	8	
企业与公众参与	20	1	3	2	5	1	3	2	3	3	0	2
环境保护宣传教育	19	5	2	1	5	0	2	3	6	2	0	1
环境信息公开	25	7	9	5	2	0	3	0	5	1	0	1
区域合作	21	6	10	19	9	4	3	4	1	1	1	5
资源集约利用与共享	20	2	2	8	3	4	13	1	2	2	0	1
政策协同	12	0	0	2	4	1	4	7	2	3	2	1

续表

子类型	中央	上海	江苏	浙江	安徽	江西	湖北	湖南	重庆	四川	云南	贵州
环境污染第三方治理	11	1	1	1	0	1	1	0	0	0	0	3
清洁生产	8	3	4	4	0	0	3	1	2	0	0	0
合计	272	36	51	82	61	16	52	37	59	31	11	25

资料来源：本书作者整理制作。

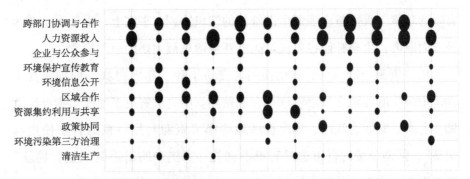

图4-8 多元主体合作型政策工具子类型的政策比例分布（单位：%）

资料来源：本书作者整理制作。

表4-9和图4-8分别给出了多元主体合作型政策工具子类型的政策数量及其比例分布。在合作型政策工具的使用方面，中央政府使用的政策工具以"人力资源投入"为主，包括人员培训、促进环保技术创新等，占全部合作型政策工具的32%。相比之下，浙江、湖南、四川、云南、贵州五省也将"人力资源投入"作为最主要的政策工具。除此之外，长江沿岸各省份的合作型政策工具也各有特点。总体而言，"跨部门协调与合作""人力资源投入""环境信息公开""区域合作""企业与公众参与""环境保护宣传教育"是使用较多的政策工具子类型。

从"跨部门协调与合作"的政策工具来讲，长江下游的上海、江苏和安徽三省市最多地使用此种工具子类型。这说明下游地区注重从行政部门的"碎片化"入手、从整体政府的角度促成生态环境治理。长江中游三省并没有将此作为主要的政策工具。长江上游的重庆和云南使用"跨部门协调与合作"政策工具也较多。总体而言，生态环境治理涉及环境保护、水利、农业、财政等部门，各部门之间的复杂关系在某种程度上消弭了生态环境治理效果，这是"跨部门协调与合作"政策工具受到重视的主要原因，也是政策工具选择所要克服的困难。

"环境信息公开"强调信息共享，这也是各省份常用的手段之一。上海和江苏使用这种手段较多。就"资源集约利用与共享"而言，浙江、江西、湖北使用较多。

就"环境保护宣传教育"和"企业与公众参与"而言，这是"治理"理论强调的主体多元化在合作型治理工具中的集中体现。从价值链的角度来讲，"环境保护宣传教育"的目的是促成"企业与公众参与"，两者存在一定的因果关系。从图4-8可以看出，上海和重庆较为注重"环境保护的宣传教育"，安徽和四川则强调企业和公民参与。

长江经济带生态环境治理需要突破行政区阻隔，合作型政策工具作为新型的生态环境政策工具能弥补政府资源短缺，与"合作"理念高度契合。中央及长江沿岸各地方政府都强调了此种政策工具的使用，但也存在政策供给短板，如对环境污染第三方治理等方面的漠视。

总体而言，从政策工具的差异与相似考察，长江经济带生态环境保护政策工具使用呈现为如下特征：首先，整体上表现为"压力型体制"，即通过中央政府的"总揽性"部署带动区域和地方的生态环境保护工作，央地政策差异较小；区域上则表现为地方政府关于长江经济带生态环境治理议题的注意力配置、响应速度存在差异。其次，多元主体合作型政策工具表现出"由少到多"的趋势和特征，这说明长江流域生态环境保护议题呈现出由"单打独斗到联动合作"的发展方向。具体而言，通过信息公开与共享、区域合作等具体措施释放出横向政府致力于合作的信号，并由此促进政策主体的协同。最后，在政策工具的选择和使用上，地方政府以控制命令型政策工具为主的特征显著，但由于市场化水平、资源禀赋等方面的差异使得地方政府在政策子工具的选择和组合上侧重点存在不同。这也再一次说明横向政府间的合作与协同目前呈现出由中央主导的现状。显然，这与区域发展战略的调整有关。如果说此前的区域发展是一种"发达帮扶落后"的区域发展模式，是一种平均主义思路，那么现在则是一种合理分工、优势互补的思路。按照这种思路，长江经济带生态环境协同保护更强调中央规划，统一安排。

（二）政策工具总类型分析

通过政策工具子类型的具体分析可以看出，长江经济带生态环境保护政策工具的应用呈现出中央政府的"总揽性"部署带动、央地政策差异较小，地方政府之间在政策工具组合使用上存在一定程度的差异。要弄清长江经济带生态环境保护政策工具的协同状况，还需进一步从时间维度作进一步的分析。通过计算发现，不同时代背景下的长江经济带生态环境保护政策领域，不同政策工具及其组合呈现出不同的变迁轨迹（如图4-9所示）。

命令控制型政策工具年度得分呈现出相对较高态势，且处于增长趋势。准确来讲，命令控制型政策工具以正式规则主导下的行政命令为主，作用过程往往由政府基于等级性的权威出具有正式约束力的规则，确保政策主体切实开展生态环境保护。命令控制型政策工具在跨界环境问题的解决上，可以通过中央统一规划使得各地无条件地服从协调，也可以通过行政强化干预、强制利益主体妥协。因此，命令控制型政策工具具有行动迅速、效率高的特征。从图5-9可以看出，在长江经济带生态环境保护政策工具的使用中，命令控制型政策工具始终处于主导性地位。特别是2008年以来，命令控制型处于显著的遥遥领先位置，且呈现出逐渐增强的趋势。这进一步说明在中国的"强国家，弱社会"治理格局中，政府在跨域性公共事务治理中承担着主体性作用，自上而下的科层机制依然是长江经济带生态环境保护的主要驱动力。

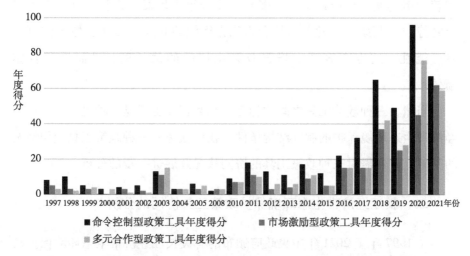

图 4-9　长江经济带生态环境保护各项政策工具的年度得分变迁趋势图

资料来源：本书作者整理制作。

市场激励型政策工具是一种以市场价格机制为基础，利用价格实现资源以及信息的协调，进而实现激励兼容，进而增强跨区域性公共事务治理的动力。相较于命令控制型政策工具具有鲜明的强制性，市场是一种非强制性的组织形式，"鼓励通过市场信号来作出行为决策，而不是制定明确的污染控制水平来规范企业的行为"[①]。从图 4-9 可以看出，市场激励型政府工具并没有缺席长江经济带生态环境保护，而且呈现出上升趋势。这说明随着市场机制的完善，市场激励的力量增强，市场在长江经济带生态环境保护中扮演着越来越重要的角色。

多元主体合作型政策工具以信任为资本，政策相关方采取合作性策略，信息和资源共享，最终构建出伙伴关系和互惠的网络格局。在网络格局中，信任与资源共享更容易达成，市场交易也处在更加公平和高效的环境中。从图 4-9 可以看出，在长江经济带生态环境保护工作的推进中，多元主体合作型政策工具发挥着重要作用，且显示出增强的趋势。

---

① 罗小芳、卢现祥：《环境治理中的三大制度经济学学派：理论与实践》，《国外社会科学》2011 年第 6 期。

相较于市场激励型政策工具，多元主体合作型政策工具甚至有后来者居上之势。究其原因，随着市场和第三方组织的壮大，多元主体合作更具有可能性。这也在客观上增强政策主体间的信任度，进而提升合作绩效。

当然，三种政策工具之间的相互嵌套和相互支撑是一种更有助于长江经济带生态环境保护的制度结构条件。在单独考察三种政策工具使用情况的基础上，还需对三种政策工具的协同状况开展进一步的分析。

二、长江经济带生态环境保护政策工具协同的分析

在 1997 年至 2021 年中央政府颁布的有关长江经济带生态环境保护政策中，使用命令控制型、市场激励型和多元主体合作型政策工具的政策占颁布政策的比例分别为 44.21%、25.78% 和 30.01%。命令控制型政策工具使用最多，市场激励型政策工具使用最少。从三种政策工具中选择两种考察政策工具协同效果，共计可以得出 $C_3^2 = 3$ 种协同指标，三种政策工具协同状况如图 4-10 所示。

从图 4-10 可以看出，三种政策工具协同状况均呈现出上升趋势，2013 年是重要时间节点。2013 年之前，三种政策工具协同程度在不同年份存在小幅度波动，但总体均处于一个较低水平的协同状态。2013 年之后三种政策工具之间的协同状况呈现出逐步增强趋势，协同状态总体处于较高水平。这说明长江经济带生态环境保护政策由单一工具向综合利用各种政策工具转变，通过政策工具之间的协同来推动生态环境保护绩效的改善。具体而言，2013 年之前，命令控制型政策工具与市场激励型政策工具的协同水平相对而言最高。这说明在很长的历史时间里，长江经济带生态环境保护的主要政策主体为政府，其他主体的重要性并未凸显，参与渠道并不畅通。这也进一步为本书第三章将政策主体锁定为政府提供了依据。

具体而言，中央政府主要通过命令控制型和市场激励型政策工具开展

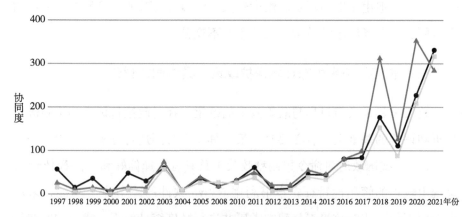

图中纵轴标注"协同度"，横轴标注年份。

图例：
- 命令控制型政策工具与市场激励型政策工具的协同度
- 市场激励型与多元主体合作政策工具的协同度
- 命令控制型政策工具与多元主体合作型政策工具的协同度

图 4-10　政策工具协同的变迁趋势图

资料来源：本书作者整理制作。

长江经济带生态环境综合治理，同时重视结合应用命令控制型和市场激励型政策工具。与此同时，2013 年之前，多元主体合作型政策工具在政策文献中出现频率较低，且表述抽象、模糊。2013 年之后，命令控制型政策工具与市场激励型政策工具的协同水平呈现出增长态势，但较为缓慢，总体协同水平低于命令控制型政策工具与多元主体合作型政策工具的协同水平。这说明随着人们环境保护意识的觉醒和增强、信息技术的发展，企业、社会组织等其他政策主体更有意愿、更有能力参与生态环境保护。与长江流域生态环境保护实践相呼应，政府在制定政策时越来越重视多元主体合作型政策工具，多元主体合作型政策工具出现频率越高，政策表述也越细化和具体。这也导致 2013 年之后，命令控制型政策工具与多元主体合作型政策工具的协同水平增速较快，整体水平较高。市场激励型政策工具与多元主体合作型政策工具的协同从时间维度考察，自 2013 年之后呈现出上升态势。相比较而言，两者协同状况低于其他政策工具的协同水平。这说明中国政府一直应用市场工具和经济杠杆增强长江流域生态环境保护效果，但由于财力不足、难度较大、流域地方政府经济发展水平不均衡等原因，市场激励型政策工具使用并不充分。

三、长江经济带生态环境保护政策工具协同的评价

政策工具是政策目标与政策效果的桥梁。在对政策目标及其协同进行分析和评价的基础上，有必要对政策工具及其协同进行分析与评价。

（一）我国政府对命令控制型政策工具具有选择偏好和"路径依赖"，呈现出较强的管制性特征。本书利用 NVivo 软件的"节点"功能，采用自上而下的方式对政策工具建立类属并进行频度统计发现，我国政府在长江经济带生态环境保护政策工具的选择中，历来重视命令控制型政策工具，市场激励型和合作型政策工具所占比重较低。

（二）政策工具之间的协同程度较低。究其原因，一方面是因为三种政策工具使用并不均衡，命令控制型政策工具在工具箱中占有绝对优势，市场激励型和合作型政策工具选择不多，发挥作用有限，这也使得协同的基础性要件缺失。另一方面是因为政策工具之间协同乏力，工具箱中强制程度偏高、整合程度偏低。

（三）政策工具之间协同并不均衡，历史变迁中各有侧重。对长江经济带生态环境保护政策工具的协同度进行分析，可以发现：1997—2003年，命令控制型与市场激励型政策工具的协同相对较高，这说明我国政府在较早时期除了运用行政手段外，还注重运用市场力量开展生态环境保护。2003—2014年，政策工具间协同水平均处于较低水平。2014—2021年，随着治理理念和实践的发展，合作型政策工具愈加受到重视，其与其他两项政策工具的协同度也呈现上升趋势。由此可见，在政策设计中，中国政府重视政策工具协同对长江经济带生态环境保护的意义，逐渐拓宽多元主体参与的渠道。

实际上，长江经济带"共抓大保护，不搞大开发"并不是说不开发、不发展，而是强调"生态优先"的"绿色发展"。基于此，长江经济带以

高质量发展为主题的趋势将会长期保持不变，政府对生态环境保护使用过多的行政干预手段可能会阻碍经济的可持续发展。此外，多元主体合作的开展也尚需时日，其成效的显现非一朝一夕之功所能实现。因此，在"双循环"格局和长江经济带生态环境保护压力依然存在的情境中，政府应更多地运用市场激励型政策工具，并使其较好地与其他政策工具协同，在更大程度上利用市场机制推动生态环境保护。

本 章 小 结

从全过程协同来看，政策内容调适是长江经济带生态环境协同保护的桥梁和载体，考察政策内容可以深化政策评价。"协同"要求政策内容的"一致性"，但这种"一致性"不是静止不变的状态，而是一个"均衡—不均衡—均衡"的动态过程。由此，政策内容中的政策要素呈现出持续、渐进的动态调适特征。本书通过收集和筛选有关长江经济带生态环境保护政策，利用内容分析法从政策力度、政策目标和政策工具等维度对政策文献进行了内容分析，并根据分析结果对长江经济带生态环境保护政策内容调适进行了评价。

一、长江经济带生态环境协同保护政策内容的评价

（一）长江经济带生态环境保护政策效力具有短期应急效应和长期累积效应并存的特征，这也说明长江经济带生态环境保护政策制定机制在渐进中持续完善。随着长江经济带生态环境保护重要性日益凸显，中国政府不断强化并完善长江经济带生态环境保护政策。政策制定机制完善除了通过政策文献数量的增加得以实现，还通过颁布具有不同效力的政策加以凸显。正是不同属性、不同约束力政策的出台，形成了长江经济带生态环境保护政策抽象与具体、整体和细化、战略和策略的互补，政策制定机制得以持续完善。但是，政策平均效力呈现出平缓甚至下降趋势，又暴露出中

央政府在长江经济带生态环境保护政策制定上存在应对短期生态环境保护目标的行为，政策制定的战略性和系统性有待提高。

（二）长江经济带生态环境保护政策目标逐步拓展、政策目标之间的协同程度有提升的趋势，政策目标呈现出"不均衡—均衡—不均衡"特征。随着政策的完善，长江经济带生态环境保护政策的主要目标逐渐扩展为合理利用水资源、保育和恢复生态系统、维护清洁水环境、改善城乡环境和管控环境风险五个方面，贯穿政策全过程，涵盖生态环境的诸多方面。考察政策目标之间的协同程度发现，随着长江经济带生态环境保护的推进，政府越来越注重政策目标的整体性和内容一致性。随着政策目标的拓展和细化，目标协同程度也逐渐增强，不同政策目标之间的不协调甚至冲突通过调适持续改善。但是，政策目标之间的协同程度存在不均衡。这再一次说明政策内容调适具有渐进性，政策的协同在持续和不均衡动态过程中体现出来。

（三）在政策工具的选择和使用上，中央政府和地方政府对命令控制型政策工具具有选择偏好和"路径依赖"，三种政策工具之间的协同呈现出由低水平向高水平转变的趋势。从政策工具协同状况考察，2013 年是重要时间节点。2013 年之前，三种政策工具协同程度在不同年份存在小幅度波动，但总体均处于一个较低水平的协同状态。2013 年之后三种政策工具之间的协同状况呈现出逐步增强趋势，协同状态总体处于较高水平。其中，命令控制型政策工具与多元主体合作型政策工具的协同水平相对而言较高，命令控制型和市场激励型政策工具的协同水平次之，市场激励型政策工具与多元主体合作型政策工具协同水平相比较而言最低。这说明我国政府注重多管齐下推进长江经济带生态环境保护，积极贯彻"坚持政府作用和市场机制两只手协同发力"①。

---

① 中共中央党史和文献研究院编：《习近平关于治水论述摘编》，中央文献出版社 2024 年版，第 75 页。

二、长江经济带生态环境协同保护政策内容研究的未来展望

"在国家治理中，良好的制度与良好的政策相匹配，才能产出最好的治理效能。"[①] 这也意味着，制度需要政策赋予其灵魂，赋予其运行的方向和实质内容。事实上，自 2014 年长江经济带上升为国家重大战略以来，国家对长江经济带的定位与要求并不是一成不变的。习近平总书记分别于 2016 年在长江上游的重庆、2018 年在长江中游的武汉、2020 年在长江下游的南京、2023 年在南昌召开座谈会，分别提出"推动""深入推动""全面推动""进一步推动"长江经济带高质量发展的明确要求。此外，作为典型的流域，长江经济带发展主要包括生态文明建设、对内对外开放、协调发展和内河经济等四个方面事务。在长江经济带高质量发展的不断推进中，长江经济带定位逐渐由"黄金水道"变迁为"生态文明建设的先行示范带"。与长江经济带发展的制度变迁相策应，生态环境保护政策也通过政策效力、政策目的和政策工具的持续调适以实现长江生态文明建设效能。

需要强调的是，党的二十大首次明确提出以中国式现代化全面推进中华民族伟大复兴。"实践已经并将继续证明，中国式现代化走得通、行得稳，是强国建设、民族复兴的唯一正确道路。"[②] 2023 年，在江西省南昌市召开的进一步推动长江经济带高质量发展座谈会上，习近平总书记提出要进一步推动长江经济带高质量发展，更好支撑和服务中国式现代化。这是对长江经济带发展的新定位和新要求。通过政策内容分析可以预判，长江经济带生态环境保护政策将持续作出动态调整，政策效力、政策目的之间、政策工具之间在"均衡—不均衡—均衡"的动态过程中推进协同的过程，成为协同的动力。

[①] 燕继荣：《制度、政策与效能：国家效能探源》，《政治学研究》2020 年第 2 期。

[②] 中共中央宣传部理论局：《中国式现代化面对面》，学习出版社、人民出版社 2023 年版，第 7 页。

三、讨论

如果说政策主体间的协同主要考察的是政策主体的协同意愿和行为，为政策的协同提供了前提条件；政策内容调适则在很大程度上反映了协同的真实状况。在政策内容调适中，不同议题之间的重叠、不一致和冲突是决策者要始终面临的问题，需要不断地进行政策目标和工具调适。换句话说，协同贯穿政策过程始终。面对复杂的政策环境，政策主体很难参透所有的变量及其变动过程。因此，政策内容调适呈现为一个不断探索的过程，而恰恰是不断探索才使得协同得以渐进推进。渐进性是基于人类自身的理性，也是基于政策执行策略的选择。从这个意义上来讲，政策中的协同只有进行时，没有完成时。

第五章 长江经济带生态环境
协同保护的政策能力

"协同"是政策的一种状态，一个内容，还是一种能力。事实上，长江经济带生态环境保护是一个复杂的过程和问题，逐步解决长江生态环境透支问题，"要从生态系统整体性和长江流域系统性着眼，统筹山水林田湖草等生态要素"，"要坚持整体推进，增强各项措施的关联性和耦合性"①。因此，对于长江经济带生态环境协同保护政策需要用系统的、动态的眼光加以审视和分析。如果说政策主体分析能说明政府间的协同意愿与行为，政策内容分析能反映政策要素的一致性水平和演变路径，政策能力分析则能发现流域生态环境保护政策的绩效水平。从协同视角来考察生态环境保护政策能力可以发现，政策能力系统和生态环境保护系统内部存在相互影响、相互促进的作用机制，考察两个系统间的耦合协同发展具有较强的现实意义。为进一步考察协同视角下长江经济带生态环境保护政策的结果，本章将从系统协同视角开展长江经济带生态环境保护政策协同度的测算与评价，为更有针对性地提出政策建议打好基础。

第一节 政策能力评价的研究设计

政策效应评价需围绕研究主题，并以"理论驱动"作为分析的基本

---

① 中共中央党史和文献研究院编：《习近平关于治水论述摘编》，中央文献出版社 2024 年版，第 98 页。

逻辑框架。本书的重要理论依据之一是复杂系统理论中的协同学，由此政策的协同效应分析将遵循协同学的理念和思维方式。根据协同学原理，政策的协同是政策系统在子系统的役使下，协调一致地解决公共问题，形成新的有序结构和功能的过程。政策系统要素及其相互作用、系统结构会影响到政策协同效应。结合已有研究和行政管理实践，本书认为长江经济带生态环境保护政策系统由生态环境保护子系统和地方政府政策能力两个子系统组成。

在"长江大保护，不搞大开发"的价值观引领下，地方政府政策能力和生态环境保护两个子系统存在互动，形成相互形塑的耦合关系。一方面，长江经济带生态环境状况的改善有利于提升地方政府政策能力，为地方政府提供动力和激励；另一方面，政策能力使得生态环境保护状况改善成为可能。

一、评价体系

从协同理论来看，整体系统的演化发展受序参量影响，序参量通过协同方式使系统的结构由无序向有序演化。在复合系统内部存在快序参变量和慢序参变量，其中慢序参变量的动态变化和互动关系决定整个系统的演化发展过程与结果。因此，可以通过系统中关键序参量把握复合系统的演化规律。长江经济带生态环境保护政策系统的发展过程，就是复合系统内子系统的自身发展及子系统间的互动过程。这也意味着，长江经济带生态环境保护状况和地方政府政策能力两个子系统内部有序度越高，子系统之间的协调度越高，复合系统的协同度则越高，长江经济带绿色发展、协同发展越能推进。

建立系统评价指标体系有系统刻画法和序参量法两种方法。系统刻画法的步骤包括根据识别和提炼制约系统或子系统的序参量，并对序参量进行操作化以建立协同度评价的指标体系。识别和提炼序参量通常有两种方式：一是通过微观途径，即通过建立微观动力学方程识别序参量；二是宏观途径，即通过文献整理影响政策的因素，然后采用模糊德尔菲法识别序参量。鉴于生态环境保护和政策能力两个子系统尚没有成熟的界定，本书对于评价指标体系的建立结合了系统刻画法和宏观途径的序参量法，即通过文献整理影响生态环境保护绩效和政策能力两个子系统的影响因素，然后采用德尔菲法确立指标体系，用相关系数矩阵法确定权重。

（一）地方政府政策能力子系统的指标构建

1. 政策能力子系统指标构建的理论基础。

政策能力作为一种潜在的资源存量，通过激发、调动可以产生增量以应对复杂性难题。分析长江经济带生态环境保护协同政策能力，有必要通过梳理理论基础构建评价体系。

地方政府政策能力与战略管理能力具有极大的相似性，又具有其独特性含义。因此，政策能力评价指标体系的设计既需要借鉴战略管理能力的已有研究，又需要明确地方政府"政策能力"的内涵。第一，政策能力"聚焦公共管理者高效参与政策制定等五个功能的能力。这些环节要求包括政策智慧、分析能力和管理技能在内的一系列行政能力"[1]。基于此，在协同视角下，地方政府政策能力的指标体系设计需要覆盖政策全过程，强调衔接和整合设置议程、制定备选方案、实施决策和评估政策等环节，以凸显其协调性含义。第二，作为内容的政策要素包括政策环境、政策目标、利益相关者、政策工具等。与此相对应，地方政府在行政环境中识别机会与威胁、整合政策目标、汲取与配置资源等活动，而这些活动的开展需要地方政府具备政策智慧、分析能力和管理技能等方面能力。当然，不同的政策阶段所要求的政策能力有不同的侧重点。因此，政策能力评价指标设计除了包含政策过程的不同阶段，还要考虑到不同阶段的核心能力需求。

---

[1] 吴逊、[澳] 饶墨仕、[加] 迈克尔·豪利特、[美] 斯科特·A. 弗里曾：《公共政策过程：制定、实施与管理》，叶林等译，格致出版社、上海人民出版社 2016 年版，第 18 页。

基于政策过程和内容的考量，且研究领域确定为长江经济带生态环境保护政策议题，政策过程不用将设置议程纳入其中。由此，本书将政策能力定义为地方政府根据外部环境和自身资源条件，在政策制定、实施和评估环节中协调关系、配置资源以实现目标的能力。在政策过程的每一阶段，核心能力要求有所区别，主要体现为：政策制定阶段的规划能力；政策实施环节协同能力和创新能力；政策评价阶段的管理能力（见图5-1）。三个政策阶段的五种能力是一个有机整体，任何一项能力的缺乏都会影响政策目标的实现。

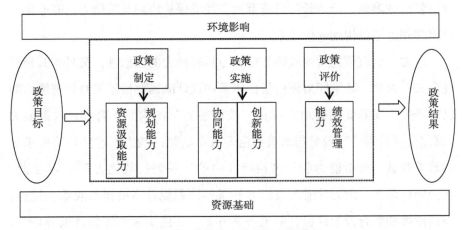

图 5-1　政策能力评价的理论基础

资料来源：本书作者整理制作。

2. 政策能力的评价指标构建。

本书的重难点之一是政策能力指标体系构建。目前，政策能力指标体系及其测量在国内外尚未开发出比较成熟的量表。在没有成熟量表的情况下，学术界往往根据各变量的定义、内容开发量表。本书也采用这种方法根据6个变量的相关理论提炼变量本质，并找寻各个变量在实践中可观测到的具体表现，然后选取这些可观测到的行为表现作为测量选项（如表5-1所示）。

表 5-1　政策能力评价指标

	序参量	二级指标	属性	数据来源
政策制定阶段	资源汲取能力	财政收入占 GDP 比重 p1	正向	中国财政年鉴
		利税总额占 GDP 比重 p2	正向	中国统计年鉴
		每万人拥有图书馆藏书量 p3	正向	中国统计年鉴
		互联网用户比重 p4	正向	中国统计年鉴
	规划能力	每万人拥有重大项目数 p5	正向	各省政府、发展和改革委员会官方网站
政策实施阶段	协同能力	每万人拥有社会组织数 p6	正向	国家统计局
		社会服务综合指数 p7	正向	中国民政统计年鉴
		政府网站绩效评估指数 p8	正向	中国软件测评中心
		统筹协调发展指数 p9	正向	中国省域竞争力蓝皮书
	创新能力	地方政府创新奖 p10	正向	中国政府创新网站
		R&D 经费支出占 GDP 比重 p11	正向	中国信息年鉴
政策评价阶段	绩效管理能力	人均 GDP（元/人）p12	正向	中国统计年鉴
		人均受教育年限（年）p13	正向	中国统计年鉴
		政府应急表现能力（分）p14	正向	中国 31 个省市区应急表现能力评价报告

资料来源：本书作者整理制作。

　　地方政府的资源汲取能力和规划能力在政策制定阶段至关重要。具体而言，资源汲取能力是政策规划和政策执行的前提和基础，即所谓"量入为出"。在现代社会，社会公众对公共产品和服务有着多元化、高标准的需求。因此，行政资源的稀缺性特征并未发生改变。关于资源汲取能力的评估，可以集中于人、财、物、信息四个方面，但由于人力资源的数据难以获取，借鉴已有研究根据财务资源和信息资源的获取情况来推断资源汲取能力。政策规划能力是公共组织和公共管理者在权衡外部环境和内部资源的基础上，制定战略方向、政策目标、方案和一致性的能力。在中国情境中，国家层面需要制定类似五年规划的综合性规划和交通、环境保护等领域的专项规划；地方政府要在国家规划的指导下结合自身条件和资源制定地方五年规划和专项规划。由此可见，地方政府规划能力的高低影响甚至决定着资源配置的领域、发展的方向，需要评价其规范性、科学性和一致性。需要强调的是，地方政府规划能力要求地方政府具有"战略性"。而"重大项目是将组织战略转化为可见现实的必要路径。地方重大项目是为实现地方总体规划或专项规划确立的战略目标而投入建设的，关系地方长远发展的，投资巨大、影响广泛、社会效益高的建设项目"[①]。黄新华、于潇等学者在探讨省级政府战略管理能力时，也将规划能力作为重要的输出指标（2017）。基于此，本书借鉴以上学者的做法选择用每万人拥有的重大项目数来衡量省级政府的政策规划能力。

政策实施阶段侧重政策主体的协同能力和创新能力。公共问题复杂性程度的增强，相应地要求政府在实施政策时能整合更多的资源、能共享更多的信息。于是，协同能力主要通过测量政策主体间的信息和资源共享程度来体现，具体包括社会服务综合指数、互联网普及率、政府网站绩效评估指数、网络舆情引导指数、统筹协调发展指数等方面。创新能力强调政府在面临跨域性、复杂性、不确定性问题时，能以战略管理的立场纵观全局，不仅能盘活内部资源，还善于突破规划藩篱、向"外部求助"，以创新性的思维和方式解决问题。对地方政府政策制定和执行而言，其创新能力取决于制度创新和技术创新两个方面。制度创新是指为因应社会经济发展需求，革新现有制度或创建新制度；技术创新是将新的技术手段应用于政府治理过程，或者应用技术手段改造现有治理所采用的手段、措施以及程序。借鉴已有做法，本书采用中国地方创新获奖次数表示政府创新能力。基于数据可得性、可行性，关于地方政府创新能力的衡量，本书用

---

① 赵景华、李宇环：《基于灰色关联度分析的中国省级政府战略管理评价研究》，第八届（2013）中国管理学年会——公共管理分会场论文集，2013年，第29页。

2013 年"中国地方政府创新奖"、2015 年"中国政府创新最佳实践"获奖结果中"9 省 2 市"各自累计获奖次数占地方创新奖总数的比重来指代。但是，中国地方政府创新奖两年颁发一次会导致数据缺损，并影响研究结果。鉴于此，为确保数据分析的有效性，本书在评选周期内的两年计为相同数字以减少缺损值。此外，由于 2015 年之后关于地方政府创新评选项目发生变化，为避免数据缺损，由历年地方政府创新获奖累计数量占总评奖数量百分比作为替代变量。

政策评价阶段强调绩效管理能力。政策是一个过程，不仅关注政策输入，更强调产出。本书借鉴已有做法，在政府绩效管理能力的衡量上采用人均 GDP、人均受教育年限和政府应急能力等三个指标。

（二）长江经济带生态环境保护政策任务子系统指标构建

为了保证指标的科学性、严谨性和可靠性，本书使用了定量与定性相结合的研究方法，确立一套能科学、客观、全面呈现长江经济带生态环境子系统的指标体系。

本书属于现状评价，此类评价指标设计围绕评价对象内涵，构建尽可能体现评价对象关键信息的指标体系，以满足全面性、科学性和有效性要求。在已有生态环境绩效评价、生态文明评价研究中，学者们从不同视角出发，构建了不同的评价模型。通过对这些指标模型进行分析可以发现，它们都遵循一个逻辑，即从内涵出发层层解构，建构概念框架，在框架内选择相应指标，最终形成指标体系。

与已有关于生态文明、生态环境绩效指标体系有所区别，本书沿袭目标管理思路，为了与《长江经济带生态环境保护规划》相一致，直接采用规划中关于长江经济带生态环境保护主要目标的体系，序参量包括水资源利用、恢复生态系统、清洁水环境、改善城乡环境、环境风险管控五个方面。考虑到数据的可得性，二级指标进行了删减之后形成 11 个指标（如表 5-2 所示）。

表 5-2　长江经济带生态环境保护主要指标

序参量	二级指标	数据来源
水资源利用	人均用水量（立方米）e1	各省、市水资源公报
	万元 GDP 用水量 e2	各省、市水资源公报
	单位工业增加值用水量 e3	各省、市水资源公报
	农田灌溉水有效利用系数 e4	水利部网站
恢复生态系统	新增水土流失治理面积（万平方公里）e5	中国水利年鉴
	森林覆盖率（%）e6	长江经济带大数据平台
	湿地面积（万公顷）e7	长江经济带大数据平台
清洁水环境	地表水质量（国控断面达到或优于Ⅲ类水质比例）（%）e8	各省、市水资源公报
	废水排放总量 e9	各省、市水资源公报
改善城乡环境	城市空气质量优良天数比例（%）e10	各省市生态环境状况公报
环境风险管控	突发环境事件总数下降比例（%）e11	中国统计年鉴

资料来源：本书作者整理制作。

二、评价模型

已有关于复合系统协同度测量方法有灰色聚类法、复合系统协同度测量模型、耦合协同度模型等方法。经过综合比较，本书运用基于参序量的耦合协同度测量模型，对长江经济带生态环境保护政策协同度测量，主要通过测算系统演化过程中各子系统的有序度、复合系统协同度开展。

（一）指标权重的计算—相关系数矩阵法

指标体系的权重直接影响结果的准确性，其计算方法有主观赋权法和客观赋权法。其中，相较于主观赋权法容易导致权重的确定受到主观因素的影响，客观赋权法则更显科学性。由此，本书选择客观赋权法中常用的相关系数矩阵法测算指标权重。具体步骤如下：

首先，由于各指标数值量纲不同、判断方向也不一致，需要对原始指标数据进行标准化处理，以消除不同量纲对评估的影响。处理方法如下：

①正向指标标准化：$x_{ij} = (y_{ij} - \min_{1 \le i \le m}(y_{ij})) / (\max_{1 \le i \le m}(y_{ij}) - \min_{1 \le i \le m}(y_{ij}))$　（1）

②逆向指标标准化：$x_{ij} = (\max_{1 \le i \le m}(y_{ij}) - y_{ij}) / (\max_{1 \le i \le m}(y_{ij}) - \min_{1 \le i \le m}y_{ij})$　（2）

其中，y_{ij} 为原始数据值，x_{ij} 为标准化后的指标值，i 为评价对象，j 为评价指标，m 为评价对象数目，n 为指标数目。

其次，采用"相关系数矩阵法"计算并确定指标权重。假设指标体系有 n 个指标，它们的相关矩阵为

$$A = \begin{bmatrix} a_{11} & \cdots & a_{1n} \\ \vdots & \ddots & \vdots \\ a_{n1} & \cdots & a_{nn} \end{bmatrix} \text{ 其中，} a_{ii} = 1 \tag{3}$$

$$A_i = \sum_{j=1}^{n} |a_{ij}| - 1, \ i = 1, \ 2, \ 3 \cdots n \tag{4}$$

其中，A_i 表示第 i 个指标对其他（n-1）个指标的总影响，A_i 数值越大，表明 A_i 对整个指标体系越重要，理所当然赋予更大的权重。因此，将 A_i 归一化便可得到各指标的权重：

$$\theta = \frac{A_i}{\sum_{i=1}^{n} A_i}, \ i = 1, \ 2, \ 3 \cdots n \tag{5}$$

（二）子系统有序度计算

本书设计长江经济带生态环境保护政策复合系统（S）是生态环境保护子系统（S_1）和政策能力子系统（S_2）在相互作用、相互影响下形成的有机整体，（S_1）和（S_2）是两个相互作用的子系统。

假设子系统演化过程中的序参量为 $e_j = (e_{j1}, e_{j2}, \cdots, e_{jn})$，其中 $n \ge 1$，$\beta_{ji} \le e_{ji} \le \alpha_{ji}$，$i = 1, \ 2 \cdots, \ n$，$\alpha_{ji}$ 和 β_{ji} 为系统稳定临界点上序参量 e_{ji} 的上限和下限。由于不同属性序参量对子系统有序度起着不同方向作用，本研究假定 $e_{ji} = e_{j1}, \ e_{j2}, \ \cdots, \ e_{jh}$ 为正向指标，其值越大，子系统有序度越高；相对应地，假定 $e_j = e_{jh}, \ e_{j(h+1)}, \ e_{j(h+2)}, \ \cdots, \ e_{jn}$ 为反向指标，其值

越大，子系统有序度却越低。因此，序参量有序度模型为：

$$\mu_j(e_{ji}) = \begin{cases} \dfrac{e_{ji} - \beta_{ji}}{\alpha_{ji} - \beta_{ji}} j \in (1, h) \\ \dfrac{\alpha_{ji} - e_{ji}}{\alpha_{ji} - \beta_{ji}} j \in (h + 1, n) \end{cases} \qquad (6)$$

由公式（4）可知，$\mu_j(e_{ji}) \in [0, 1]$。进一步地，序参量有序度 $\mu_j(e_{ji})$ 的集成作用用以测量子系统有序度，而实现集成可通过加权平均法和几何平均法两种方式。本书选择加权平均法，具体公式为：

$$S_j = \sum_{i=1}^{n} \theta_i \mu_j(e_{ji}) , \ \theta_i \geq 0, \ \sum_{i=1}^{n} \theta_i = 1 \qquad (7)$$

式（5）中的 S_j 为子系统有序度。由子系统有序度定义可知，$S_j \in [0, 1]$，S_j 数值越大，复合系统子系统有序度越高；反之，数值越低，子系统有序度越低。

（三）复合系统的耦合度和协同度计算

协同学认为，耦合度考察子系统间的相互依赖程度；协同度则衡量系统在动态互动中和谐一致的程度，即复合系统的良性耦合程度。本书借鉴尚虎平和张梦怡计算耦合度和协同度的做法（2018），具体如下。

耦合度的计算借用物理学的容量耦合概念及其模型。计算公式如下，其中，C 为耦合度，表征两个子系统之间的相互依赖程度，S_1、S_2 分别为长江经济带生态环境保护子系统和政策能力子系统的有序度。

$$C = 2 \times \sqrt{S_1 \times S_2} / (S_1 + S_2) \qquad (8)$$

协同度的计算采用协同学的基本理念以衡量子系统之间的和谐程度。计算公式如下：

$$\begin{cases} D = \sqrt{C \times T} \\ T = aS_1 + bS_2 \end{cases} \qquad (9)$$

公式中 C 为耦合度，即子系统之间的相互依赖程度；D 为协同度，即系统的良性耦合程度；T 为综合协调指数，与子系统在复合系统中的重要程度相关。一般 $T \in (0，1)$ 。S_1、S_2 分别为子系统综合序参量。a、b 为待定参数。本书认为生态环境保护子系统和政策能力子系统同等重要，由此 a、b 取值分别为 0.5。

正如前文所言，长江经济带生态环境保护政策系统是由生态环境保护状况和地方政府政策能力两个子系统组成的整体系统。生态环境保护子系统、地方政府政策能力之间的协同度在一定程度上决定着长江经济带生态环境保护政策系统功能的发挥。鉴于此，长江经济带生态环境保护的开展，有赖于政策能力和生态环境保护两个子系统内部的有序发展及两个子系统之间的协同发展。这也是协同评估方案设计的逻辑前提。

三、评估对象选定

本书将长江经济带作为一个整体，对沿岸省份的生态环境系统及政策能力进行协同评估研究。为了保证评价的科学性和可靠性，本书确定评估对象以全面性、数据可得性和代表性为原则。其中，全面性表现为长江经济带沿岸地区，即长江经济带 9 省 2 市；可得性体现为评估对象需要满足数据可得的可操作性、易获得性条件。

第二节　长江经济带生态环境保护
政策协同度的计算

依据前文建立的政策能力和生态环境保护评估指标及其数据的收集和整理，本书在对原始数据进行标准化处理基础上实施测算及评估。

一、数据标准化处理

在确定了复合系统的子系统以及子系统的变量之后，本书手工收集和整理原始数据，并对原始数据进行标准化处理，以消除原始数据不同量纲带来的影响。原始数据标准化处理结果如表5-3、表5-4所示。

表5-3 长江经济带生态环境保护子系统指标标准化处理结果

地区	年份	生态环境保护子系统										
		e1	e2	e3	e4	e5	e6	e7	e8	e9	e10	e11
重庆	2014	0.056	0.232	0.677	0.103	0.309	0.549	0.000	0.769	0.087	0.090	0.129
	2015	0.037	0.190	0.528	0.120	0.307	0.549	0.000	0.813	0.094	0.445	0.200
	2016	0.014	0.148	0.429	0.134	0.316	0.549	0.000	0.782	0.195	0.507	0.147
	2017	0.008	0.120	0.366	0.152	0.315	0.549	0.000	0.821	0.192	0.530	0.153
	2018	0.000	0.106	0.391	0.170	0.357	0.642	0.000	0.804	0.142	0.631	0.188
四川	2014	0.124	0.387	0.366	0.003	0.573	0.486	0.589	0.611	0.443	0.749	0.200
	2015	0.206	0.423	0.341	0.031	0.690	0.486	0.589	0.553	0.463	0.411	0.118
	2016	0.209	0.413	0.394	0.058	0.898	0.486	0.589	0.617	0.484	0.507	0.124
	2017	0.211	0.352	0.349	0.075	0.910	0.486	0.589	0.617	0.503	0.507	0.182
	2018	0.175	0.287	0.228	0.096	0.964	0.541	0.589	0.764	0.473	0.580	0.135
贵州	2014	0.065	0.563	0.888	0.003	0.439	0.523	0.001	0.789	0.020	0.530	0.194
	2015	0.076	0.592	0.687	0.021	0.266	0.523	0.001	0.886	0.023	1.000	0.124
	2016	0.093	0.437	0.586	0.045	0.494	0.523	0.001	0.964	0.000	0.927	0.141
	2017	0.113	0.373	0.512	0.048	0.493	0.523	0.001	0.949	0.033	0.910	0.165
	2018	0.135	0.345	0.509	0.029	0.501	0.655	0.001	0.981	0.019	0.946	0.176
云南	2014	0.192	0.662	0.578	0.000	0.649	0.779	0.136	0.794	0.109	0.957	0.153
	2015	0.192	0.606	0.615	0.021	0.480	0.779	0.136	0.754	0.139	0.932	0.153
	2016	0.186	0.556	0.540	0.051	0.903	0.779	0.136	0.795	0.154	0.961	0.176
	2017	0.217	0.507	0.478	0.024	0.912	0.779	0.136	0.805	0.162	0.958	0.141
	2018	0.206	0.451	0.379	0.024	1.000	0.879	0.136	0.820	0.141	0.977	0.182
江西	2014	0.907	1.000	0.888	0.134	0.420	0.977	0.269	0.785	0.207	0.839	0.153
	2015	0.814	0.873	0.888	0.154	0.432	0.977	0.269	0.786	0.235	0.730	0.153
	2016	0.803	0.782	0.814	0.175	0.227	0.977	0.269	0.791	0.231	0.625	0.159
	2017	0.812	0.676	0.727	0.199	0.215	0.977	0.269	0.875	0.170	0.538	0.165
	2018	0.820	0.641	0.689	0.219	0.249	1.000	0.269	0.902	0.211	0.679	0.171
湖南	2014	0.688	0.704	0.814	0.144	0.210	0.734	0.311	0.924	0.402	0.488	0.165
	2015	0.671	0.641	0.801	0.175	0.288	0.734	0.311	0.924	0.410	0.386	0.076

续表

地区	年份	生态环境保护子系统										
		e1	e2	e3	e4	e5	e6	e7	e8	e9	e10	e11
湖南	2016	0.663	0.582	0.784	0.205	0.332	0.734	0.311	0.890	0.380	0.482	0.206
	2017	0.641	0.504	0.694	0.240	0.303	0.734	0.311	0.936	0.384	0.487	0.118
	2018	0.675	0.490	0.767	0.274	0.293	0.773	0.311	0.947	0.394	0.597	0.153
湖北	2014	0.696	0.542	0.665	0.168	0.439	0.549	0.473	0.854	0.386	0.087	0.171
	2015	0.750	0.556	0.801	0.188	0.418	0.549	0.473	0.824	0.409	0.056	0.129
	2016	0.648	0.451	0.727	0.205	0.237	0.549	0.473	0.853	0.334	0.259	0.000
	2017	0.685	0.380	0.578	0.226	0.260	0.549	0.473	0.853	0.330	0.420	0.271
	2018	0.713	0.366	0.553	0.243	0.328	0.573	0.473	0.886	0.365	0.400	0.165
安徽	2014	0.558	0.761	1.000	0.229	0.076	0.333	0.319	0.476	0.330	0.673	0.141
	2015	0.629	0.762	0.998	0.271	0.266	0.333	0.319	0.647	0.346	0.386	0.165
	2016	0.626	0.687	0.963	0.284	0.085	0.333	0.319	0.651	0.269	0.285	0.188
	2017	0.606	0.581	0.790	0.298	0.092	0.333	0.319	0.676	0.256	0.070	0.153
	2018	0.572	0.508	0.765	0.318	0.094	0.355	0.319	0.718	0.300	0.192	0.159
江苏	2014	1.000	0.358	0.011	0.497	0.115	0.100	1.000	0.998	0.961	0.000	0.482
	2015	0.926	0.301	0.000	0.524	0.062	0.100	1.000	0.983	1.000	0.073	0.412
	2016	0.895	0.261	0.307	0.548	0.027	0.100	1.000	0.989	0.991	0.169	0.241
	2017	0.902	0.220	0.251	0.534	0.021	0.100	1.000	1.000	0.911	0.107	0.188
	2018	0.909	0.188	0.220	0.572	0.022	0.088	1.000	1.000	0.966	0.107	0.176
浙江	2014	0.576	0.083	0.209	0.459	0.134	0.959	0.345	0.582	0.610	0.313	0.165
	2015	0.374	0.083	0.168	0.469	0.104	0.959	0.345	0.690	0.640	0.394	0.188
	2016	0.338	0.113	0.129	0.486	0.052	0.959	0.345	0.744	0.634	0.532	0.194
	2017	0.319	0.082	0.179	0.503	0.041	0.959	0.345	0.803	0.678	0.521	0.176
	2018	0.278	0.056	0.209	0.521	0.087	0.970	0.345	0.829	0.641	0.594	0.171
上海	2014	0.213	0.070	0.453	0.979	0.000	0.000	0.098	0.119	0.231	0.361	1.000
	2015	0.192	0.056	0.453	0.993	0.000	0.000	0.098	0.000	0.237	0.183	0.735
	2016	0.197	0.035	0.429	0.997	0.000	0.000	0.098	0.018	0.231	0.315	0.200
	2017	0.184	0.014	0.317	0.997	0.000	0.000	0.098	0.101	0.214	0.313	0.176
	2018	0.184	0.000	0.292	1.000	0.000	0.065	0.098	0.148	0.228	0.476	0.153

资料来源：本书作者整理制作。

表5-4 长江经济带政策能力子系统指标标准化处理结果

地区	年份	政策能力子系统													
		p1	p2	p3	p4	p5	p6	p7	p8	p9	p10	p11	p12	p13	p14
重庆	2014	0.236	0.282	0.018	0.278	0.598	0.177	0.385	0.000	0.347	0.200	0.232	0.191	0.325	0.448
	2015	0.245	0.251	0.022	0.340	0.700	0.210	0.489	0.265	0.418	0.190	0.275	0.235	0.306	0.276
	2016	0.197	0.219	0.030	0.416	0.746	0.235	0.355	0.384	0.176	0.190	0.317	0.288	0.338	0.276
	2017	0.149	0.182	0.046	0.464	0.833	0.256	0.361	0.414	0.557	0.156	0.361	0.336	0.373	0.276
	2018	0.130	0.201	0.054	0.513	0.798	0.271	0.398	0.712	0.375	0.156	0.398	0.359	0.389	0.103
四川	2014	0.096	0.217	0.022	0.077	0.028	0.220	0.223	0.473	0.718	0.400	0.275	0.073	0.164	0.931
	2015	0.115	0.198	0.026	0.141	0.209	0.247	0.212	0.876	0.384	0.381	0.303	0.088	0.176	0.621
	2016	0.082	0.144	0.031	0.227	0.272	0.235	0.282	0.861	0.173	0.381	0.317	0.118	0.139	0.621
	2017	0.067	0.109	0.037	0.269	0.305	0.271	0.298	0.952	0.607	0.400	0.317	0.161	0.203	0.621
	2018	0.067	0.135	0.999	0.342	0.069	0.289	0.254	0.996	0.471	0.400	0.342	0.200	0.217	0.276
贵州	2014	0.385	0.999	0.013	0.021	0.531	0.000	0.217	0.170	0.099	0.000	0.003	0.073	0.096	0.690
	2015	0.346	0.923	0.013	0.102	0.556	0.033	0.214	0.658	0.000	0.000	0.000	0.024	0.003	0.379
	2016	0.288	0.819	0.014	0.217	0.798	0.072	0.336	0.643	0.229	0.000	0.011	0.056	0.000	0.379
	2017	0.240	0.796	0.022	0.269	0.963	0.097	0.348	0.756	0.427	0.067	0.034	0.099	0.096	0.379
	2018	0.245	0.840	0.026	0.366	1.000	0.117	0.279	0.926	0.189	0.067	0.048	0.129	0.096	0.069

续表

地区	年份	p1	p2	p3	p4	p5	p6	p7	p8	p9	p10	p11	p12	p13	p14
云南	2014	0.495	0.320	0.024	0.022	0.130	0.156	0.124	0.170	0.146	0.000	0.022	0.000	0.015	0.241
	2015	0.466	0.268	0.027	0.077	0.305	0.199	0.145	0.481	0.050	0.000	0.059	0.014	0.074	0.345
	2016	0.351	0.204	0.033	0.139	0.303	0.230	0.223	0.517	0.192	0.000	0.084	0.036	0.059	0.345
	2017	0.313	0.177	0.034	0.171	0.301	0.241	0.157	0.624	0.350	0.044	0.104	0.064	0.105	0.345
	2018	0.317	0.207	0.035	0.220	0.298	0.251	0.162	0.807	0.184	0.044	0.129	0.091	0.135	0.431
江西	2014	0.163	0.263	0.040	0.000	0.051	0.050	0.070	0.021	0.433	0.200	0.106	0.069	0.304	0.810
	2015	0.212	0.283	0.041	0.111	0.132	0.076	0.000	0.670	0.440	0.190	0.126	0.088	0.289	0.724
	2016	0.154	0.210	0.041	0.252	0.133	0.085	0.044	0.695	0.019	0.190	0.151	0.122	0.258	0.724
	2017	0.135	0.180	0.053	0.318	0.135	0.248	0.079	0.803	0.480	0.089	0.193	0.065	0.261	0.724
	2018	0.154	0.179	0.057	0.415	0.236	0.301	0.048	0.954	0.343	0.089	0.230	0.186	0.247	0.655
湖南	2014	0.019	0.024	0.010	0.105	0.075	0.073	0.156	0.393	0.508	0.000	0.216	0.121	0.342	0.172
	2015	0.034	0.023	0.014	0.137	0.000	0.129	0.147	0.733	0.455	0.190	0.235	0.144	0.403	0.086
	2016	0.019	0.000	0.022	0.248	0.025	0.164	0.249	0.737	0.291	0.190	0.255	0.177	0.416	0.086
	2017	0.000	0.012	0.029	0.293	0.088	0.216	0.171	0.737	0.582	0.067	0.305	0.207	0.441	0.086
	2018	0.000	0.025	0.036	0.391	0.066	0.244	0.181	0.849	0.459	0.067	0.342	0.208	0.475	0.000

政策能力子系统

续表

地区	年份	政策能力子系统													
		p1	p2	p3	p4	p5	p6	p7	p8	p9	p10	p11	p12	p13	p14
湖北	2014	0.062	0.124	0.044	0.272	0.234	0.212	0.306	0.345	0.446	0.000	0.359	0.185	0.366	0.862
	2015	0.106	0.144	0.050	0.306	0.165	0.229	0.338	0.758	0.443	0.190	0.367	0.217	0.411	0.517
	2016	0.072	0.104	0.062	0.418	0.164	0.243	0.355	0.796	0.173	0.190	0.356	0.264	0.401	0.517
	2017	0.053	0.093	0.072	0.464	0.116	0.260	0.315	0.863	0.622	0.111	0.387	0.306	0.428	0.517
	2018	0.024	0.087	0.083	0.561	0.112	0.267	0.329	0.987	0.421	0.111	0.420	0.365	0.449	0.172
安徽	2014	0.120	0.218	0.000	0.064	0.580	0.115	0.266	0.319	0.443	0.000	0.364	0.066	0.265	0.379
	2015	0.149	0.222	0.006	0.122	0.517	0.149	0.303	0.733	0.418	0.190	0.384	0.081	0.268	0.372
	2016	0.144	0.189	0.013	0.242	0.356	0.165	0.329	0.771	0.037	0.190	0.387	0.114	0.209	0.372
	2017	0.115	0.160	0.026	0.318	0.033	0.203	0.323	0.817	0.511	0.067	0.420	0.150	0.219	0.372
	2018	0.115	0.158	0.038	0.391	0.024	0.245	0.305	0.882	0.352	0.067	0.440	0.187	0.204	0.362
江苏	2014	0.183	0.286	0.112	0.481	0.062	0.710	0.851	0.294	0.570	0.400	0.535	0.507	0.429	0.345
	2015	0.197	0.300	0.128	0.521	0.072	0.833	0.939	0.695	0.619	0.190	0.555	0.564	0.454	0.500
	2016	0.139	0.241	0.148	0.553	0.072	0.882	0.767	0.737	0.424	0.190	0.569	0.646	0.453	0.500
	2017	0.087	0.178	0.175	0.561	0.076	0.919	0.768	0.863	1.000	0.267	0.571	0.742	0.453	0.500
	2018	0.072	0.199	0.195	0.586	0.071	1.000	0.831	0.950	0.653	0.267	0.591	0.815	0.461	0.724

续表

地区	年份	政策能力子系统													
		p1	p2	p3	p4	p5	p6	p7	p8	p9	p10	p11	p12	p13	p14
浙江	2014	0.178	0.322	0.195	0.702	0.199	0.621	1.000	0.307	0.628	1.000	0.468	0.425	0.352	0.776
	2015	0.236	0.331	0.223	0.754	0.274	0.710	0.873	0.824	0.721	0.381	0.496	0.468	0.314	0.852
	2016	0.216	0.323	0.254	0.756	0.364	0.788	0.732	0.842	0.307	0.381	0.515	0.535	0.352	0.852
	2017	0.216	0.318	0.289	0.756	0.277	0.865	0.723	0.924	0.870	0.533	0.521	0.602	0.370	0.852
	2018	0.245	0.346	0.322	0.756	0.571	0.944	0.832	0.851	0.632	0.533	0.555	0.663	0.377	0.931
上海	2014	0.865	0.880	0.617	0.896	0.114	0.271	0.718	0.515	0.663	0.200	0.860	0.651	0.814	0.310
	2015	0.971	0.979	0.639	0.961	0.122	0.320	0.926	0.897	0.910	0.190	0.880	0.710	0.844	0.655
	2016	1.000	0.971	0.648	0.976	0.130	0.357	0.740	0.891	0.399	0.190	0.877	0.829	0.869	0.655
	2017	0.990	0.994	0.657	0.951	0.162	0.393	0.706	0.956	0.997	0.178	0.936	0.923	0.974	0.655
	2018	0.981	1.000	0.667	1.000	0.175	0.451	0.772	1.000	0.742	0.178	1.000	1.000	1.000	1.000

资料来源：本书作者整理制作。

二、权重计算

在对长江经济带 9 省 2 市的 11 个生态环境保护评估指标值和 14 个政策能力指标值进行标准化基础上，根据上述相关系数矩阵法步骤进一步计算指标权重，最终得出两个子系统各指标重要性的权重。结果如表 5-5、表 5-6 所示。

表 5-5　长江经济带生态环境保护指标体系权重

序参量	权重	指标	代码	权重
水资源利用	37.62	人均用水量（立方米）	e1	8.16
		万元 GDP 用水量	e2	9.70
		单位工业增加值用水量	e3	7.91
		农田灌溉水有效利用系数	e4	11.85
恢复生态系统	26.26	新增水土流失治理面积（万平方千米）	e5	8.58
		森林覆盖率（%）	e6	8.92
		湿地面积（万公顷）	e7	8.76
清洁水环境	18.77	地表水质量（国控断面达到或优于Ⅲ类水质比例）（%）	e8	8.16
		废水排放总量	e9	10.61
改善城乡环境	10.37	城市空气质量优良天数比例（%）	e10	10.37
环境风险管控	6.98	突发环境事件总数下降比例（%）	e11	6.98

资料来源：本书作者整理制作。

表 5-6　长江经济带地方政府政策能力子系统指标体系权重

序参量	权重	指标	代码	权重
资源汲取能力	29.53	财政收入占 GDP 比重	p1	6.03
		利税总额占 GDP 比重	p2	5.07
		每万人拥有图书馆藏书量	p3	8.45
		互联网用户比重	p4	9.98

序参量	权重	指标	代码	权重
规划能力	7.24	每万人拥有重大项目数	p5	3.56
协同能力	25.81	每万人拥有社会组织数	p6	7.24
		社会服务综合指数	p7	8.99
		政府网站绩效评估指数	p8	3.94
		统筹协调发展指数	p9	7.63
创新能力	20.25	地方政府创新奖	p10	5.25
		R&D 经费支出占 GDP 比重	p11	9.99
绩效管理能力	23.87	人均 GDP（元/人）	p12	10.26
		人均受教育年限（年）	p13	8.69
		政府应急表现能力（分）	p14	4.92

资料来源：本书作者整理制作。

三、指标综合分数计算

按照上文计算步骤，本书对标准化处理之后的指标值与指标权重相乘得出长江经济带地方政府政策能力和生态环境保护各指标对应分值，将各指标分值相加计算分别得到两个子系统各维度、各方面得分及综合得分（如表5-7所示）。

表5-7　长江经济带生态环境保护子系统和政策子系统有序度

年份地区	2014	2015	2016	2017	2018	2014	2015	2016	2017	2018
	生态环境保护子系统					地方政府政策能力子系统				
重庆	0.2586	0.2890	0.2886	0.2882	0.3084	0.2566	0.2914	0.2852	0.3326	0.3380
四川	0.4094	0.3876	0.4300	0.4298	0.4362	0.2528	0.2466	0.2432	0.2980	0.3590
贵州	0.3498	0.3770	0.3754	0.3674	0.3820	0.1798	0.1676	0.2138	0.2626	0.2494
云南	0.4488	0.4316	0.4698	0.4592	0.4654	0.1106	0.1434	0.1648	0.1868	0.2012

续表

年份 地区	2014	2015	2016	2017	2018	2014	2015	2016	2017	2018
江西	0.5874	0.5628	0.5216	0.4988	0.5220	0.1666	0.2042	0.1878	0.2406	0.2632
湖南	0.4966	0.4826	0.4952	0.4790	0.5086	0.1620	0.1918	0.2082	0.2376	0.2484
湖北	0.4416	0.4524	0.4210	0.4450	0.4510	0.2688	0.2950	0.2894	0.3316	0.3254
安徽	0.4432	0.4578	0.4168	0.3694	0.3832	0.2088	0.2484	0.2278	0.2632	0.2670
江苏	0.4996	0.4914	0.5066	0.4788	0.4824	0.4490	0.4992	0.4822	0.5448	0.5586
浙江	0.4094	0.4104	0.4232	0.4308	0.4398	0.5272	0.5390	0.5176	0.5852	0.6102
上海	0.3260	0.2786	0.2528	0.2438	0.2674	0.6466	0.7500	0.7146	0.7864	0.8182
长江 经济 带	0.4246	0.4201	0.4183	0.4082	0.4224	0.2935	0.3251	0.3213	0.3299	0.3853

资料来源：本书作者整理制作。

四、长江经济带生态环境保护政策协同度评估结果

在得出长江经济带政策子系统与生态环境保护子系统现状基础上，根据公式计算两个子系统的协同度。鉴于生态环境保护和政策能力均为当前学术界和实践领域的重难点问题，在本书中的重要性趋于同等，因此，本书将两个子系统取值均为0.5，由此计算两个子系统的耦合度和协同度，如表5-8所示。

表5-8　长江经济带生态环境保护与政策的耦合度及协同度

年份 地区	2014	2015	2016	2017	2018	2014	2015	2016	2017	2018
	耦合度					协同度				
重庆	1.0000	1.0000	1.0000	0.9975	0.9990	0.5075	0.5388	0.5357	0.5564	0.5682
四川	0.9716	0.9749	0.9607	0.9835	0.9953	0.5672	0.5561	0.5686	0.5983	0.6290
贵州	0.9470	0.9231	0.9617	0.9860	0.9777	0.5008	0.5014	0.5323	0.5573	0.5556

年份 地区	2014	2015	2016	2017	2018	2014	2015	2016	2017	2018
云南	0.7964	0.8653	0.8770	0.9066	0.9181	0.4720	0.4989	0.5276	0.5411	0.5532
江西	0.8297	0.8839	0.8824	0.9370	0.9442	0.5593	0.5822	0.5595	0.5885	0.6089
湖南	0.8614	0.9021	0.9129	0.9416	0.9390	0.5327	0.5515	0.5667	0.5809	0.5962
湖北	0.9700	0.9776	0.9827	0.9893	0.9869	0.5869	0.6045	0.5908	0.6198	0.6190
安徽	0.9331	0.9550	0.9560	0.9858	0.9839	0.5515	0.5807	0.5551	0.5584	0.5656
江苏	0.9986	1.0000	0.9997	0.9979	0.9973	0.6881	0.7037	0.7030	0.7147	0.7205
浙江	0.9921	0.9908	0.9950	0.9884	0.9867	0.6816	0.6858	0.6841	0.7086	0.7197
上海	0.9441	0.8888	0.8787	0.8501	0.8616	0.6776	0.6761	0.6519	0.6617	0.6839

资料来源：本书作者整理制作。

第三节　长江经济带生态环境保护
政策评估结果与分析

在对长江经济带生态环境保护系统和政策能力系统开展评估的基础上，本书得出了二者的协同结果。鉴于协同评估结果是基于生态环境保护和政策能力两个子系统相互作用计算得出，因此本书按照"结果—原因"的思路，首先分析协同度这一结果，其次对两个子系统有序度进行分析，以挖掘和剖析两个子系统内部各要素是如何相互作用并进而影响协同评估结果。

一、耦合协同评估结果

根据耦合度分级标准（如表5-9、表5-10所示）和耦合度结果（如表5-8、图5-2所示），长江经济带生态环境保护子系统与政策能力的耦合度为0.80以上，这体现了生态环境保护与政策之间有着紧密而又强劲的互动关系，两个子系统之间存在着强相互依赖关系；协同度区间在

0.47—0.72，说明两个子系统之间协同度逐渐上升，达到中级协调。耦合系统的基本原理认为在高耦合度的前提下，子系统间的协同度存在与高耦合度不匹配的状况，存在两个方面的可能。一是两个子系统的正向发展处于低水平，综合序参量处于整体程度的较低值；二是两个子系统正向发展的步调不一致，其中一个子系统水平较差。这也就意味着高协同度需要具备两个条件：一是子系统的有序度均处于较高水平；二是子系统之间的有序度差距较小。从两个子系统来看，由于长江经济带生态环境保护与政策两个子系统序参量的历年最高值分别为 0.588 和 0.818，这说明长江经济带生态环境保护绩效与政策能力协同度不高的原因，一是两个子系统水平均不高，二是两个子系统存在差距。其中，生态环境保护子系统更差。

表 5-9 耦合度分级标准

耦合度 C	C=0	0<C≤0.3	0.3<C<0.5	0.5≤C<0.8	0.8≤C<1	C=1
耦合等级	系统无关联且无序发展	低耦合	颉颃	磨合	高水平	达到良性耦合且趋向新的结构

资料来源：尚虎平、张梦怡：《我国地方政府绩效与生态脆弱性协同评估》，科学技术文献出版社 2018 年版。

表 5-10 协同度分级标准

协同度 D	0≤C<0.1	0.1≤C<0.2	0.2≤C<0.3	0.3≤C<0.4	0.4≤C<0.5
协同等级	极度失调	严重失调	中度失调	轻度失调	濒临失调
协同度 D	0.5≤C<0.6	0.6≤C<0.7	0.7≤C<0.8	0.8≤C<0.9	0.9≤C<1
协同等级	勉强协调	初级协调	中级协调	良好协调	优质协调

资料来源：尚虎平、张梦怡：《我国地方政府绩效与生态脆弱性协同评估》，科学技术文献出版社 2018 年版。

从时间维度比较分析，如图 5-2 所示，长江经济带生态环境保护政策协同度经历了从"勉强"到"初级"的协同发展过程。从数据和折线图可知，长江经济带生态环境保护政策的协同发展过程是缓慢的，但总体趋势是朝着协同的更高阶段。

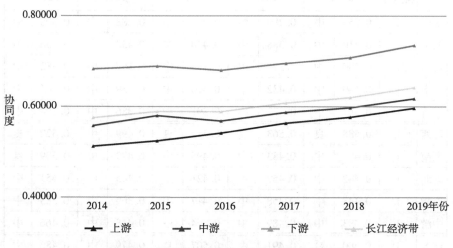

图 5-2　长江经济带生态环境保护政策协同度
资料来源：本书作者整理制作。

从地区维度考察，如图 5-2 所示，长江下游的生态环境保护政策协同度最高，中游次之，上游相比较而言较低。这说明长江流域由于历史和现实的各种原因，与区域不平衡发展相关联，长江上中下游的生态环境保护政策协同度也相应存在不平衡的现实差距。

2014 年以来，长江经济带高质量发展的定位之一为"生态文明建设先行示范带"。2017 年，《长江经济带生态环境保护规划》出台，地方政府以此为政策遵循进一步细化政策。中央和地方关于长江经济带生态环境保护政策目标的明确、政策议程的建立、政策执行等一系列政策过程反映了不同层级政府的重视和举措。但在实践中，"资源约束趋紧、环境污染严重、生态系统退化，发展与人口资源环境之间矛盾突出"的形势依然严峻，任务依然艰巨。

二、长江经济带生态环境保护子系统评估结果

表 5-11　长江经济带整体、流域、省际间生态环境保护结果统计

	理想分	2014		2015		2016		2017		2018 年	
重庆	1	0.259	中	0.289	中	0.289	中	0.288	中	0.308	中
四川	1	0.410	中	0.388	中	0.430	中	0.430	中	0.436	中
贵州	1	0.350	中	0.377	中	0.375	中	0.367	中	0.382	中
云南	1	0.449	中	0.432	中	0.470	中	0.459	中	0.465	中
上游	1	0.367	中	0.372	中	0.391	中	0.386	中	0.398	中
江西	1	0.588	良	0.563	良	0.522	良	0.499	中	0.522	良
湖南	1	0.497	中	0.483	中	0.495	中	0.479	中	0.509	良
湖北	1	0.442	中	0.452	中	0.421	中	0.445	中	0.451	中
安徽	1	0.443	中	0.458	中	0.417	中	0.369	中	0.383	中
中游	1	0.493	中	0.489	中	0.464	中	0.448	中	0.466	中
江苏	1	0.500	良	0.491	中	0.507	良	0.479	中	0.482	中
浙江	1	0.409	中	0.410	中	0.423	中	0.431	中	0.440	中
上海	1	0.326	中	0.279	中	0.253	中	0.250	中	0.267	中
下游	1	0.412	中	0.393	中	0.420	中	0.387	中	0.396	中
长江经济带	1	0.425	中	0.420	中	0.418	中	0.409	中	0.424	中

注：长江上、中、下游得分取各省市平均分。
资料来源：本书作者整理制作。

从表 5-11 中显示的整体、流域分段和省市数据来看，2014 年到 2018 年长江经济带生态环境状况整体处于中级水平，具有一定程度的改善效果。这说明长江流域生态环境保护不仅是一个热点问题，更是一个难点问题，这也是造成协同度偏低的原因之一。具体到长江上、中、下游，根据表 5-11 可以看出，长江上游的生态环境保护状况得分在 0.3—0.4 区间。因此，长江上游的形势显得更为严峻，所面临的环境治理压力更大。究其

原因，与上游地区生态更为脆弱、资源投入有限有关。相较于长江上游而言，长江中游的生态环境保护状况得分在 0.45—0.5 区间，在分段统计中分值较高。这说明，湖北、湖南、江西、安徽被国家划入重点生态建设区，特别是党的十八大以后，这几个省份推出和实施"环保一体化政策"以来取得了一定的成绩。下游地区的生态环境保护得分在 0.38—0.42 区间，居于上游和中游之间。这说明下游地区人口密度大、经济活动更为活跃，生态环境受"人为"因素影响较大，原有的"高投入、高污染、高排放"发展模式具有一定惯性，"绿色发展"转型难度较大。统计分析细化到省市发现，有的省市生态环境保护绩效得分较高，有的省市得分较低。毋庸置疑的是，省市之间的生态环境保护绩效差异除了产业布局等"人为"因素的影响，还有生态脆弱等"先天"因素的原因。

比较分析进一步细化到省市层面，由表 5-12 和表 5-13 统计结果可知，在各省市的生态环境子系统中，从 2014 年至 2018 年，指标最高分占满分比区间在 49.88%—58.74%，指标最低分占满分比区间在 24.38%—27.86%，平均分占理想满分比区间在 40.01%—42.46%，表明长江经济带生态环境保护政策领域，长江流域绝大部分地区处于中等水平。

表 5-12　长江经济带生态环境保护子系统综合得分描述性统计结果

占比分析＼年份	2014		2015		2016		2017		2018	
	得分	得分占满分比重	得分	得分占满分比重	得分	得分占满分比重	得分	得分占满分比重	得分	得分占满分比重
指标理想分	1	100	1	100	0	100	0	100	0	100
省（市）最高分	0.5874	58.74	0.5628	56.28	0.5216	52.16	0.4988	49.88	0.5220	52.20
省（市）平均分	0.4246	42.46	0.4201	42.01	0.4183	41.83	0.4082	40.82	0.4224	42.24
最低分	0.2586	25.28	0.2786	27.86	0.2528	25.28	0.2438	24.38	0.2674	26.74

资料来源：本书作者整理制作。

表5-13　长江经济带生态环境保护状况分省（市）等级描述性统计

年份	2014		2015		2016		2017		2018	
指标等级	个数	列举	个数	列举	个数	列举	个数	列举	个数	列举
优（0.75≤得分≤1）	0	—	0	—	0	—	0	—	0	—
良（0.5≤得分<0.75）	1	江西	1	江西	2	江西、江苏	0	—	2	江西、湖南
中（0.25≤得分<0.50）	10	江苏、湖南、云南、安徽、浙江、湖北、四川、贵州、上海、重庆	10	江苏、湖南、云南、安徽、浙江、湖北、四川、贵州、上海、重庆	9	湖南、云南、四川、浙江、湖北、安徽、贵州、重庆、上海	11	江西、湖南、云南、江苏、浙江、湖北、安徽、四川、重庆、贵州、上海	9	江苏、云南、湖北、浙江、四川、安徽、贵州、重庆、上海
差（0≤得分<0.25）	0	—	0	—	0	—	1	上海	0	—

资料来源：本书作者整理制作。

生态环境保护指标体系维度分析。长江经济带生态环境保护指标共包含 5 个方面，分别是"水资源利用""生态系统保育恢复""水环境清洁维护""城乡环境改善"和"环境风险管控"。整体而言，长江经济带生态环境保护整体水平不高，有的地方体现了"先天发育不足"与"后天营养不良"的特点，且在不同方面表现出了参差不齐的水平。将表 5-14 中平均得分作分段比较，长江上游地区相较于中、下游而言，生态环境保护表现上呈现为"低水资源利用、高生态系统保育恢复、低水环境清洁维护、高城乡环境改善、低环境风险管控"特征；长江中游则呈现为"高水资源利用、低生态系统保护恢复、低水环境清洁维护、中城乡环境改善、中环境风险管控"特征；长江下游相对应地呈现为"中水资源利用、中生态系统保护恢复、高水环境清洁维护、低城乡环境改善、高环境风险管控"特征。这进一步说明了长江经济带生态环境保护问题具有复杂性，在不同地区、不同方面具有明显的差异性，因而其施策重点和需求也不同。对此，习近平总书记在 2018 年于长江中游城市武汉召开的座谈会上认为"各有关方面围绕长江生态环境保护修复做了大量工作，但任务仍然十分艰巨"，"长江生态环境保护修复工作'谋一域'居多，'被动地'重点突破多；'谋全局'不足，'主动地'整体推进少"[1]。

表 5-14　长江经济带生态环境保护子系统分指标统计结果

	利用水资源	保育恢复生态系统	维护清洁水环境	改善城乡环境	管控环境风险
	平均得分	平均得分	平均得分	平均得分	平均得分
重庆	0.0712	0.0782	0.0802	0.0457	0.0114
四川	0.0840	0.1652	0.1018	0.0571	0.0106
贵州	0.1065	0.0867	0.0766	0.0895	0.0112
云南	0.1140	0.1509	0.0797	0.0992	0.0112

---

[1]　中共中央党史和文献研究院编：《习近平关于治水论述摘编》，中央文献出版社 2024 年版，第 99 页。

	利用水资源	保育恢复生态系统	维护清洁水环境	改善城乡环境	管控环境风险
	平均得分	平均得分	平均得分	平均得分	平均得分
上游	0.0939	0.1203	0.0846	0.0729	0.0111
江西	0.2291	0.1376	0.0899	0.0707	0.0112
湖南	0.1968	0.1179	0.1172	0.0506	0.0100
湖北	0.1785	0.1197	0.1084	0.0253	0.0103
安徽	0.2174	0.0686	0.0836	0.0333	0.0113
中游	0.2174	0.1110	0.0836	0.0333	0.0113
江苏	0.1772	0.1005	0.1836	0.0095	0.0209
浙江	0.1108	0.1231	0.1275	0.0488	0.0125
上海	0.1677	0.0097	0.0305	0.0342	0.0316
下游	0.1519	0.0778	0.1139	0.0308	0.0217
长江经济带	0.1503	0.1053	0.0981	0.0513	0.0138

注：省市平均得分为 2014—2018 年平均得分；上、中、下游得分分别为所属省市平均得分。

资料来源：本书作者整理制作

三、长江经济带政策能力子系统评估结果

与长江经济带生态环境保护子系统评估结果的处理方式一致，本书按照综合分析、分区域和分指标三个层面对长江经济带政策子系统的评估结果进行比较分析，以便更为深刻和清晰地了解生态环境保护子系统与政策能力子系统间协同评估结果及其具体原因。

表 5-15　长江经济带整体、流域、省际间政策能力结果统计

	理想分	2014 年		2015 年		2016 年		2017 年		2018 年	
重庆	1	0.257	中	0.291	中	0.285	中	0.333	中	0.338	中
四川	1	0.253	中	0.247	差	0.243	差	0.298	中	0.359	中
贵州	1	0.180	差	0.168	差	0.214	差	0.263	中	0.249	差

续表

	理想分	2014 年		2015 年		2016 年		2017 年		2018 年	
云南	1	0.111	差	0.143	差	0.165	差	0.187	差	0.201	差
上游	1	0.200	差	0.212	差	0.227	差	0.270	中	0.287	中
江西	1	0.167	差	0.204	差	0.188	差	0.241	差	0.263	中
湖南	1	0.162	差	0.192	差	0.208	差	0.238	差	0.248	差
湖北	1	0.269	中	0.295	中	0.289	中	0.332	中	0.325	中
安徽	1	0.209	差	0.248	差	0.228	差	0.263	中	0.267	中
中游	1	0.202	差	0.235	差	0.228	差	0.269	中	0.276	中
江苏	1	0.449	中	0.499	中	0.482	中	0.545	良	0.559	良
浙江	1	0.527	良	0.539	良	0.518	良	0.585	良	0.610	良
上海	1	0.647	良	0.750	良	0.715	良	0.786	优	0.818	优
下游	1	0.541	良	0.596	良	0.572	良	0.639	良	0.662	良
长江经济带	1	0.294	中	0.325	中	0.321	中	0.370	中	0.385	中

注：0—0.25 为差，0.26—0.5 为中，0.51—0.75 为良，0.76—1 为优；上、中、下游及长江经
　　济带得分别为所属地区平均分。
资料来源：本书作者整理制作。

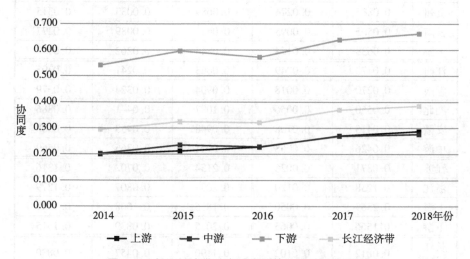

图 5-3　长江经济带地方政府政策子系统评估结果
资料来源：本书作者整理制作。

由表 5-14 和图 5-3 可以看出，长江经济带地方政府政策能力子系统平均得分在中等水平，基本呈现为一定程度的上升趋势。从分段来看，长江上、中、下游地方政府政策能力呈现出显著的差异性。具体而言，长江下游地方政府政策能力最强，特别是上海和浙江；中下游地方政府政策能力旗鼓相当，上游的贵州和云南、中游的江西和湖南政策能力较差。显而易见，地方政府政策能力的差异性和力所不逮会影响地方政府开展生态环境保护的意愿和成效，也会因为跨域性生态环境问题的成本分摊和收益归属产生更高的沟通成本，进而影响地方政府之间的合作和协同。究其原因，长江下游地区市场化水平高、经济更为活跃、人力资源更为丰富，政府能力更强。

表 5-16　长江经济带政策子系统分维度统计结果

	资源汲取能力	规划能力	协同能力	创新能力	绩效管理能力
	平均得分	平均得分	平均得分	平均得分	平均得分
重庆	0.0661	0.0262	0.0950	0.0410	0.0726
四川	0.0532	0.0063	0.1098	0.0516	0.0590
贵州	0.0835	0.0274	0.0689	0.0033	0.0315
云南	0.0505	0.0095	0.0647	0.0089	0.0277
上游	0.0633	0.0174	0.0846	0.0262	0.0477
江西	0.0470	0.0049	0.0663	0.0241	0.0703
湖南	0.0270	0.0018	0.0904	0.0324	0.0579
湖北	0.0550	0.0056	0.1087	0.0441	0.0886
安徽	0.0415	0.0108	0.0948	0.0453	0.0508
中游	0.0426	0.0058	0.0901	0.0365	0.0669
江苏	0.0871	0.0025	0.2154	0.0702	0.1316
浙江	0.1258	0.0120	0.2094	0.0807	0.1279
上海	0.2569	0.0050	0.1856	0.1008	0.1949
下游	0.1566	0.0065	0.2035	0.0839	0.1515
长江经济带	0.0812	0.0102	0.1190	0.0457	0.0830

注：平均得分为各省市 2014—2018 年平均数，上、中、下游得分为所辖区域平均得分的平均数。
资料来源：本书作者整理制作。

为进一步了解长江经济带地方政府政策能力详情，明确到底是系统内部哪些维度和指标影响了政策能力评估结果，本书继续从"资源汲取能力""规划能力""协同能力""创新能力""绩效管理能力"五个维度对地方政府政策能力进行描述性结果统计分析，具体数据见表5-16。从"资源汲取能力"维度来看，长江下游能力最强，上游次之，中游较弱。其中，上海和浙江尤为突出。这说明长江下游地区经济发展水平高、财政状况稳健、人力资本储备丰富，具有"钱多好办事"的可能。从"规划能力"维度分析，长江上游地区得分最高，中游得分较低。这可能与中央政府的"一带一路"和"西部大开发"的重大战略安排有关。从"协同能力"维度考察，长江下游得分最高，中游次之，上游得分最低。从"创新能力"维度来看，长江下游得分最高，中游次之，上游最差。从"绩效管理能力"来看，长江下游得分最高，中游次之，上游得分最低。其中，上海和江苏的绩效管理能力尤其突出。

四、长江经济带生态环境保护政策协同的特征

本书通过对长江经济带"9省2市"生态环境保护和政策能力进行现状评估，并将二者作为整体系统的子系统进行协同评估，研究发现，这两个子系统之间的耦合度和协同度呈现出"高耦合度、低协同度"的特征。

（一）长江经济带生态环境保护与地方政府政策能力具有高相互依赖性

基于耦合协同度模型，本文测算了长江经济带9省2市的生态环境保护现状和地方政府政策能力两个子系统的耦合度。测算结果显示两个子系统具有高耦合性，说明两个子系统相互影响、相互依赖。从理论上来讲，高耦合性也是开展协同研究的前提条件。根据耦合协同度模型测算结果来看，长江经济带生态环境保护子系统和地方政府政策能力子系统的协同度主要处于"初级协同"水平，这说明两个子系统间相互促进、相互强化的协同程度不高，离理想状态有一定距离。

从两个子系统之间的作用机制来看，此二者的耦合关系是一种嵌套关系。一方面从生态环境保护来讲，政府作为发挥主导作用的社会主体，其对生态环境保护议题优先性排序、注意力配置、资源投入直接影响生态环境保护状况。另一方面，从地方政府政策能力来讲，生态环境保护问题严重与否、与政策目标差距大小对地方政府提出了政策能力要求。对于生态环境保护状况较好地区，绿色发展转型难度较小，所需成本较少，地方政府之间及其部门之间协同压力更小，地方政府也能更好地改善、优化公共产品和公共服务，并增进社会福祉。进一步地，政府实现了从汲取资源到提供公共产品和服务的良性循环后，更有可能为生态环境保护配置更多资源，并从中产生更多的生态收益。反之，生态环境保护状况较差，在生态环境议题具有排序优先性的情况下，地方政府面临的压力更大，地方政府政策能力难以胜任，并因此形成"马太效应"。这意味着，生态环境保护状况与政策能力呈现出互为因果、相互促进关系。

从系统发展和统筹协同的角度看，长江经济带地方政府政策能力强，政府能平衡生态环境保护议题与其他议题的资源配置，政府部门之间及其与其他社会主体之间能有效沟通协同，这能有效改善生态环境保护状况；反过来讲，生态环境保护水平的提高能减轻政府绿色转型与发展的压力，地方政府能更好地平衡经济和社会发展。地方政府在这个良性循环过程中，政策能力随之能得到提升。

（二）长江经济带生态环境保护状况不容乐观

根据《长江经济带生态环境保护规划》中所制定的目标，本文从"水资源利用""生态系统保育恢复""水环境清洁维护""城乡环境改善"和"环境风险管控"5个方面对长江经济带生态环境保护状况进行了评价。从评价结果来看，长江经济带整体、分段、省市基本处于"中等"程度，基本达到满分值的60%。这也用数据验证了长江经济带生态环境状况不能掉以轻心的客观现实。这一研究结论与已有关于长江经济带生态效率和环境效率的研究一致，即认为生态效率和环境效率是值得关注的问题，且上中游与下游存在空间不平衡。

从分段和分省市来看，长江经济带上、中、下游得分差异性不大，整体得分不高。从生态环境保护子系统来看，一方面的原因是作为长江策源地，生态系统先天具有脆弱性，比如长江上游地区。另一方面原因是受到人为经济活动影响，比如长江中下游。对于长江下游而言，生态环境保护与经济发展矛盾突出。从"胡焕庸线"也可以看出，中国人口、经济活动主要集中在中国东南部，长江中下游经济尤其活跃，这也导致长江中下游生态系统受人为因素影响更多，生态环境保护与经济发展方式、生活方式息息相关，由此更具复杂性。近年来，尽管生态环境保护在政策议程排序中具有了优先性，由于体制性、历史性和先天性等原因，生态环境保护任务仍然艰巨。习近平总书记也曾表达过类似的观点，"位于嘉陵江上中游分界点的一些城市反映，尽管他们坚持生态优先、加紧防治，但仍饱受防不胜防的输入性污染之痛，城区及沿江城镇几十万人口饮用水安全频频受到威胁"[①]。

评估的目的是发现问题进而解决问题。可以看出，近年来，生态环境问题经历了一个被"忽视"到饱受"重视"的过程，从中央政府的顶层设计到地方政府的政策落实，无一不显示出"先污染，后治理"发展模式的终结。在"共抓大保护，不搞大开发"的根本遵循下，中央与地方政府从政策制定到政策落实都显示出重视生态环境的决心。但从测算结果可以看出，已有成效离长江经济带生态环境保护的政策目标还有一段距离。此外，测算结果也说明了长江经济带生态环境保护问题具有"复杂性"，属于典型的"棘手型"公共问题。未来长江经济带高质量发展需要进一步建立和完善政策以推动绿色发展。

（三）长江经济带地方政府政策能力具有差异性

从政策能力子系统来看，尽管其发展步调优于生态环境保护子系统，

---

① 中共中央党史和文献研究院编：《习近平关于治水论述摘编》，中央文献出版社2024年版，第99页。

但省市具有较大差距。通过"资源汲取能力""规划能力""协同能力""创新能力""绩效管理能力"五个维度对长江经济带 9 省 2 市的政策能力评估可知，政策能力整体水平较生态环境保护状况要好，但 9 省 2 市的政策能力存在较大差异，空间发展不平衡。对于长江上游而言，生态系统具有脆弱性，生态环境问题的解决更加依赖政府的政策能力，但由于经济发展水平、资源禀赋等方面原因，当有限的行政资源和无限的公共服务、公共产品需求矛盾尖锐时，政策能力就显得力所不逮。

总体而言，"低协同度"的数据测评结果暴露了长江经济带地方政府曾经所面临的生态环境保护问题，也表明了政府在政策能力建设和提升上所面临的短板和不足。这也说明处理两个子系统内部要素的关系以及实现两个子系统协同十分必要。

第四节　推进长江经济带生态环境协同保护政策的进展与成效

基于 2014—2018 年的面板数据，本书测算了长江经济带生态环境保护政策协同度，得出"高耦合、低协同"的结论。但是，社会科学研究不仅在于描述现实、发现问题，更在于用发展的眼光、辩证的思维解释过去、立足当下并指导未来。因此，本书围绕《长江经济带生态环境保护规划》（以下简称《规划》）的实施进展与成效、问题展开再思考，接续长江经济带生态环境协同保护政策研究。

一、政策规划能力显著提升，央地治理体系逐步完善

2017 年 7 月 17 日，原环境保护部、国家发改委、水利部联合印发《规划》，对长江经济带生态环境保护工作作了顶层设计，提出了具体政策目的和政策工具，成为长江沿线省市开展生态环境保护工作的重要政策遵循。《规划》实施以来，长江经济带生态环境保护工作取得了显著效

果，成为流域生态环境保护的典范。随着长江经济带生态环境协同保护的推进，长江沿线"9省2市"高度重视并构建自上而下的规划体系，逐步推进生态环境保护的战略布局。

（一）出台《中华人民共和国长江保护法》

为了加强长江流域生态环境保护和修复，促进资源合理高效利用，保障生态安全，实现人与自然和谐共生、中华民族永续发展，中华人民共和国第十三届全国人民代表大会常务委员会第二十四次会议于2020年12月26日通过《中华人民共和国长江保护法》（以下简称《长江保护法》）。可以说，《长江保护法》以专门立法的形式对流域生态环境法律体系进行了规定，创设了长江流域生态环境协同规制的新模式。从立法价值而言，《长江保护法》是重构长江流域纷繁复杂"人—自然"关系的破局之举，"对优化完善长江流域生态环境法律体系、提升长江生态治理能力具有不可替代、里程碑式的理论与实践价值"①。由此可见，作为中国有史以来第一部以流域生态问题为导向的综合性横向立法，《长江保护法》的出台彰显了中国"生态保护""绿色发展"决心之大、信念之定。

（二）生态环境部加强顶层设计与战略部署

在2017年《规划》出台后，生态环境部致力于强化顶层设计，落实了各项重点工作。一是生态环境部与国家发改委于2018年联合发布《长江保护修复攻坚行动计划》（以下简称《行动计划》）。《行动计划》将长江保护修复任务细化为生态环境空间管控、排查整治排污口、加强工业污染治理等八项。为更好地落实《行动计划》，生态环境部又制定印发《生态环境部落实〈长江保护修复攻坚战行动计划〉工作方案》，明确通过八个专项行动完成《行动计划》的八项任务。二是生态环境部联合农业农村部、水利部发布《重点流域水生生物多样性保护方案》，提出了长江、淮河等各流域水生生物多样性保护任务。

---

① 张祖增、王灿发：《长江流域生态环境协同规制的立法诠释与意涵表达——以〈长江保护法〉为评述视角》，《中国环境管理》2023年第5期。

（三）地方政府出台相应的地方性法规及实施方案

习近平总书记关于长江经济带高质量发展的重要论述和中央层面的顶层设计为长江经济带沿线"9省2市"的政策制定提供了根本遵循。基于"共抓大保护，不搞大开发""生态优先，绿色发展"的核心指导思想，结合地方实际情况，"9省2市"纷纷出台了相应的地方性规划及实施方案。在《规划》基础上，安徽、湖北、江苏、湖南、浙江、贵州等省市分别出台相应长江经济带生态环境保护规划或实施方案。在省（市）出台政策的基础上，江苏省的南京、无锡、南通、镇江，安徽省的马鞍山，湖北省的十堰、随州等市，也作出了市级长江经济带生态环境保护规划或实施方案。基于中央层面的战略部署，一个"以省为核心，以市为抓手、以城市群为依托"的战略布局逐渐形成、央地治理体系逐渐完善。

二、强化全过程治理，有效遏制污染排放

为做好长江大保护工作，生态环境部等中央部委以污染产生为节点，以污染产生过程为主线，将污染防治和生态保护的工作分解、细化，结合多种措施手段遏制污染排放，极大地改善了生态环境质量。

（一）加强环境监测与环境准入，减少污染源排放

为开展生态环境大普查，生态环境部编制了《长江干流生态环境无人机遥感调查三年计划》《长江干流生态环境无人机遥感调查第一阶段工作方案》等政策文件，选取江西、湖北和安徽3省交界处120千米长江干流两岸沿线各2千米缓冲区开展试点工作，通过无人机高分辨率光学影像，提取入河排污口、企业布局、固废及砂土堆存、岸线开发利用等4类生态环境风险隐患信息。此外，生态环境部致力于建立污染物监管体系，完善生态环境监测监管。2018年11月，生态环境部印发《长江流域水环境质量监测预警办法（试行）》，以水环境质量只能变好、不能变差为原则建立长江流域自动监测管理和技术体系，完善长江流域国家地表水环境监测网络。

（二）从污染排放过程入手，加强污染治理

长江经济带生态环境污染治理范畴包括城镇污水、黑臭水体、饮用水水源地、船舶污染、固体废物污染等方面。2018年以来，针对长江流域生态环境污染，中央与地方政府采取了一系列措施强化污染治理。如建立长江经济带9省2市污水集中处理设施环境监管台账，开展城镇污水处理设施建设管理。住房和城乡建设部联合生态环境保护部通过专项督察和巡查推动黑臭水体整治工作。2022年，住房和城乡建设部、生态环境部、国家发改委、水利部印发深入打好城市黑臭水体治理攻坚战实施方案；2023年，财政部办公厅、生态环境部办公厅印发关于开展2023年农村黑臭水体治理试点工作的通知。2023年，长江流域优良水质断面比例达95.6%，长江干流连续四年稳定达到Ⅱ类水质；近岸海域水质优良比例达到85%。

（三）延长污染排放治理链条，开展污染治理和生态修复

对于长江经济带污染排放末端治理，中国政府延长治理链条，多措并举完善治理机制、推进生态修复。一是开展生态环保督察，提高政治站位。作为习近平总书记亲自部署推动的重大体制创新和重大改革举措，生态环境保护督察制度是落实生态文明思想的硬招实招和制度保障。进一步而言，环保督察发现的突出问题通过"回头看"督促整改落实。2024年第三轮第二批中央生态环境保护督察对象都位于长江流域，可见党和国家高度关注长江经济带生态环境保护。二是开展"绿盾"专项行动加大长江经济带生态空间生态破坏问题查处力度。"绿盾"行动致力于建立"监控发现—移交督促整改—上报销号"常态化监管工作机制，实现生态破坏问题闭环管理，基本扭转了侵占破坏重要生态空间的趋势。三是通过行政约谈等手段压实整改责任。对于环保督察发现的问题，中央与地方政府综合运用暗访督导、行政约谈、区域限批、移送追责等方式推动督察反馈问题整改。如四川省制定了《四川省环境质量改善不力约谈办法》，明确由省政府对环境质量改善不力的市（州）进行约谈。

在上述政策指引和措施作用下,长江经济带发展战略实施10年来,长江经济带生态环境保护攻坚战取得了阶段性胜利,生态环境保护和修复取得重大成就,"一江碧水向东流"美景重现。

三、探索"两山"转化新通道,完善生态产品价值实现机制

在江西南昌主持召开进一步推动长江经济带高质量发展座谈会上,习近平总书记指出,"要支持生态优势地区做好生态利用文章,把生态财富转化为经济财富"①。为贯彻落实绿色发展要求,加大长江经济带绿色低碳高质量发展力度,中央与地方政府作了积极探索。如2024年8月,中国人民银行、国家发改委、工业和信息化部、财政部等八部门联合印发《关于进一步做好金融支持长江经济带绿色低碳高质量发展的指导意见》(以下简称《指导意见》)。《指导意见》致力于大力发展绿色金融,推动绿色金融与科技金融、数字金融协同发展为长江经济带高质量发展提供金融支撑。江西通过健全生态产品价值确权登记、核算评估、经营开发、市场交易等政策体系,加快"两山"转化新通道。

当然,目前长江流域生态环境保护和高质量发展正处于量变到质变的关键时期,取得的成效还不稳固,客观上还存在不少困难和问题,需要继续努力加以解决。

---

① 中共中央党史和文献研究院编:《习近平关于治水论述摘编》,中央文献出版社2024年版,第123页。

第六章 从协同角度完善长江经济带
生态环境保护政策的建议

　　政策主体间的合作和嵌入是协同的前提条件，政策内容调适和政策要素协同是协同的桥梁和载体，政策系统协同是协同治理的结果。基于此，本书构建主体—内容—能力分析框架。围绕分析框架，本书从协同视角对长江经济带生态环境保护政策主体、政策内容和政策能力展开分析与评价。研究发现，在长江经济带生态环境保护政策议题中，中央政府部际间、地方政府之间和纵向政府间通过联合发文、搭建组织平台、开展交流合作活动、嵌入式纵向协同表现出了较高的合作意愿和一定程度的合作水平；在长江经济带生态环境保护政策内容调适中，政策效力、政策目标和政策工具等政策要素在不均衡中持续推动"协同"价值；长江经济带生态环境保护绩效与地方政府政策能力呈现出"高耦合，低协同"特征，长江经济带生态环境保护绩效和政策能力均有待提高。正所谓"协同没有过去时，只有进行时"。由此，本书对协同视角下长江经济带生态环境保护政策完善给出相应的建议。

第一节　完善长江经济带生态环境保护政策
主体网络，促进政府间合作

　　跨域治理机构是开展区域协调、解决跨域问题的一种重要手段。从组织架构上来看，协同的"整体性"意蕴在纵向上强调科层化组织层级关系整合，在横向上关切主体关系协调。从协同视角推进和完善长江经济带生态环境保护政策，需要在横向和纵向的条块关系上形成交互网络，作为政策主体互动的场域。具体而言，完善长江经济带生态环境保护政策主体协同网络，可从如下三方面展开。

一、推进中央政府部际合作，实现中央政府部际协同

长江经济带生态环境保护政策议题牵涉的地理空间广阔、领域较多，具有复杂性，这也给各层级、各部门提出了合作和协同的要求。中央政府职能部门也不例外。作为"政策文件传输链"的起点，中央政府制定的政策具有方向性、原则性和"定调性"，是地方政府政策内容再生产的依据和遵循。因此，在长江经济带生态环境保护政策制定中，中央政府部门间需要加强合作、最大程度上实现协同，弥合因为部门"碎片化"导致的政策不一致和政策冲突。

（一）发挥不同部委的相应功能，形成合作与协同的组织合力

2018年国务院机构改革中，生态环境部成立。这是构建系统完备、运行高效、科学规范的职能体系的重要环节之一。推进长江经济带生态环境保护，要充分发挥国家发展和改革委员会、生态环境部等机构的核心作用，构建科学合理的政策制度和组织管理体系，提高长江经济带生态环境保护的统筹力度和纵向深度。在长江经济带生态环境保护政策联合发文的关系中，处于核心位置的国家发展和改革委员会发挥全面统筹、综合协调部门间的作用；处于主要地位的生态环境部优化具体政策；财政部持续为长江经济带生态环境保护工作提供财政保障和税收优惠，在生态补偿等具体政策制定和执行中发挥重要作用。此外，政策网络的完善还需进一步明确国家发展和改革委员会、生态环境部、财政部、自然资源部等相关部门的职能，减少因职能划分不清造成的推诿扯皮与协同困境。在发文方式上，中央政府部门需要科学选择联合发文和单独发文方式。

（二）建立有效衔接的协调机制，降低部门间合作的交易成本

从机构设置上而言，原有机构存在沟通不畅、协调困难的问题和弊端逐渐凸显。长江经济带生态环境保护政策网络规模的扩大对各政策主体的职能范围和权利配置提出了新的要求。面对新时代提出的新要求和需要解决的老问题，推进长江经济带生态环境政策主体的合作，一方面，需要对中央政府相关职能部门的职责分工和规模等问题进行调整；另一方面，通过中央层面的"推动长江经济带发展领导小组"等具有临时性、任务性的组织平台实现部际间的横向沟通、交流、协调与合作，建立协调机制，形成党中央领导、生态环境部门负责、"领导小组"协调、相关部门配合的工作新格局。

（三）注重发挥"边缘"部门的作用，优化资源配置

长江经济带生态环境保护政策涉及的部门多、范围广，如何挖掘新生力量和潜在资源是提升政策协同水平的重要方面。因此，除了继续发挥国家发展和改革委员会、生态环境部、水利部等传统主力部门的参与推动作用之外，还需要注重发挥其他部门的政策制定和部门协作职能。如针对生态环境保护的财政投入方面，要注重发挥财政部对生态补偿等制度的制定与落实。这也就意味着，针对长江经济带生态环境保护的各个领域和方面，促进政策的协同需要发挥各个部门的积极性，实现更高层次、更有效率的资源配置，形成政策合力。

二、促进地方政府合作，实现流域横向协同

长江经济带生态环境保护中的大气污染、水环境维护、土壤安全等领域均存在不同程度的流动性和空间外溢性，地方政府协同治理成效的最终受益者也很难明确，这些因素导致地方政府的政策网络松散、合作停留在象征性层面。在长江经济带高质量发展的要求下，我国地方政府需要继续不断强调建立"多领域""多机制""多组织"的协同治理思路，具体需要从以下几方面着手。

（一）加强地方政府间合作，促进地方政府间协同

本书将地方政府之间互动关系的历史进行累加，总结归纳了具有典型性的长江经济带下游地区地方政府之间的合作状况。总体而言，地方政府间的合作水平逐步提升。值得注意的是，随着时间变化地方政府在网络中的位置会发生变化，网络结构会发生动态变化。在网络中获得中心地位具有不同的逻辑，如上海的中心地位来源于其政治地位和经济实力，生态环境保护嵌入于经济和政治网络中；南京则是按照大型国际赛事的环境要求，暂时取得网络中心的地位。这说明驱动力的转换可以实现区域中心地位的转换。由此，长江经济带生态环境保护中地方政府间合作的强化可以利用外在驱动力强化合作。

（二）通过多样化的合作形式深化地方政府间协同程度

本书将考察活动、召开会议和签订协议作为地方政府合作程度由低到高的三种形式。研究发现，长三角地方政府间的合作形式中，考察活动居多。这说明地方政府间合作的正式性和规范性程度并不高。因此，为提升长江经济带生态环境保护政策协同程度，我国政府在政策制定中需要致力于强化多样化的协同形式，通过更具规范性和正式性的签订协议等合作形式深化协同，提高地方政府应对流域生态环境保护的能力。值得强调的是，生态环境保护涵盖领域较多，包括水污染治理、大气污染等不同领域，而不同领域在合作水平、方式和网络上存在差异。这就要求根据不同的领域区分，依据不同生态环境保护领域的性质促进不同合作关系的建立，以实现对合作范围的精准定位和绩效的精准评估。简而言之，多样化的合作形式是为了提高地方政府应对长江经济带生态环境保护能力，而精细化的划分领域是重新界定问题的基础。在领域差异化的基础上，地方政府通过更为科学的制度设计、政策制定和协同性行动，才能更好地选择合作形式，提升流域公共事务治理能力。

（三）增强地方政府合作网络密度以拓展政策的协同广度

长江经济带生态环境保护具有典型的跨域性、公共性和不确定性，地

方政府网络不仅需要在城市政府间展开，还应该在流域不同层级间展开。本书通过重点考察长江经济带下游城市发现，流域生态环境保护以省内合作为主，地理空间上的邻近性和统一的行政级别更可能产生合作与协同。这也意味着，跨省的流域协同中省际边界仍然是抑制合作的障碍，长江经济带城市在各自所在的省际中形成不同程度的合作网络，跨省之间的合作与协同相对较弱。考虑到大气污染、水环境维护等具有更大范围的外部溢出性，我国政府在未来的流域协同治理追求中，需要进一步打破行政区省际壁垒，增加地方政府间互动频率、强化合作深度，进行科学的"网络管理"，使得地方政府间的横向网络发挥出更大的规模效应、分享效应和互惠效应。具体而言，这需要在目前政策协同基础上通过流域环境管理体制创新，更好地打通省际边界，强化地方政府在生态环境保护中的自组织协作，降低省际的协调沟通成本，创造地方政府协同网络的良好环境。

三、完善纵向嵌入式协同机制，实现上下级政府间协同

在流域协同研究中，纵向政府关系是一个需要引起重视的研究领域。地方政府合作受中央政府介入程度和央地互动过程的影响。因此，在地方政府合作存在成本和风险过高情况下，上级政府需要通过平台搭建、利益协调和政策激励等方式有效协调各方利益，推进政策协同。也就是说，政策协同的推进不能仅仅强调多元政策主体，特别是政府间的合作，还需要纵向政府的高位推动促进府际合作关系的形成。在具体实践中，只有将横向关系与纵向关系相结合才能更好地推动区域政策的协同。长江经济带生态环境保护中纵向政府关系的分析发现，科层组织—任务型组织—衍生性组织呈现出历时性和共时性特征。特别是"领导小组"等衍生性组织在长江经济带生态环境协同治理中发挥着重要作用。本书认为长江经济带生态环境协同治理需要继续纳入纵向政府关系，通过有机结合纵向政府关系与地方政府横向关系，才能更好地提升长江经济带生态环境保护绩效。具体包括以下方式：

（一）通过政治动员建立战略一致性

长江经济带涵盖的地理空间大、涉及的领域多，这也导致地方政府之间横向合作风险大、交易成本高、外部性强，流域横向合作与协同难度高。政治动员的目的是地方政府改变"一亩三分地"思维，地方利益也因此服从流域整体利益。建立战略一致性，能基于共同的政策目标形成协调一致的行动方案。中央和地方政府成立的"推动长江经济带发展领导小组"能通过较高政治站位发挥政治动员、制定战略规划的作用。战略规划通过建立流域共同愿景、明确各地和各方的定位能有效降低沟通协调等方面的交易成本，本身是一种沟通交流机制，能有效提高流域合作的有效性。

（二）与横向协同机制有机配合，共同参与网络治理

纵向嵌入式协同机制强调依赖正式权威，即应用政治、行政、法律、经济和人事等法定权力能有效解决区域合作的问题。与横向地方政府间合作主要依赖基于自愿的柔性机制不同，纵向嵌入式协同强调依赖正式权威下的刚性机制。需要注意的是，"嵌入"并不意味着纵向干预取代横向合作，而是根植于区域协同治理网络，通过界定产权、设计规则、规划战略、监督实施等方式在网络中发挥作用。在长江经济带生态环境保护中，上中下游地方政府各方面存在差异，纵向嵌入式协同治理应根据地方政府在合作中交易成本大小、合作风险高低有针对性地嵌入，避免过度介入和介入不足。如各级"领导小组"结合省部际联席会议等方式，使得纵向嵌入和地方政府横向合作能相互配合，更好地促进生态环境保护工作。

（三）避免组织虚化，通过制度化促进流域协同的可持续推进

与西方实践不同，在中国，纵向干预是促进协作机制有效运行的必要因素。科层组织、任务型和衍生型等类型的纵向组织为长江经济带生态环境协同保护提供了组织管道。为最大限度地发挥这些组织类型的效能潜力，还需要纵向干预方式的制度化以实现协同的可持续性，避免临时性的行政要求，只是起到阶段性作用。此外，纵向干预避免目标导向过强，还应注重过程的干预与监督。

第二节 促进长江经济带生态环境保护
政策要素协同，完善政策内容

从政策变迁的动态性而言，协同下的政策是政策要素相互配合的动态过程。准确来讲，政策的协同是一种遵循大体方向和基本原则下的渐进式改革策略，只有进行时，没有完成时。通过内容分析法从协同视角对长江经济带生态环境保护政策内容展开研究发现，在协同状态下，政策要素呈现出不均衡特征，政策效力得以持续提升。因此，从政策内容调适而言，从协同视角推进长江经济带生态环境保护政策完善需要从以下几个方面着手。

一、强化制度层面的顶层设计，适度提高政策力度

（一）强化制度的系统性顶层设计

在公认的基本价值取向下，制度能够对不同主体的行为给予合理限制，对国家不同体系的功能和职责进行明确划分并在保证各司其职的同时能够支持协同治理。从制度与政策的关系来讲，良好的制度与良好的政策相匹配，才能产生最好的治理效能。由此可见，制度对于推进政策变迁与发展具有基础性作用，能为促进政策的协同提供支撑。在长江经济带生态环境保护政策的推进中，中国政府应从整体出发，对于政策数量、政策属性、政策目标的设计和政策工具的组合运用统筹规划，提升长江经济带生态环境保护政策在制度设计上的整体性和系统性。

（二）组合不同政策属性的政策，适度提升政策力度

虽然长江经济带生态环境保护相关的政策数量越来越多，但法律效力较大的政策多数集中在更早的时期，近些年来的政策多以"通知"出现，这也使得平均政策力度越来越低。随着长江经济带生态环境保护的现实需要增强，政策力度的持续降低并不利于流域生态环境保护政策在制度层面的顶层设计。在"共抓大保护，不搞大开发"和"高质量发展"的要求

下，《中华人民共和国长江保护法》规定了流域协同机制的基本框架，长江流域生态环境保护政策推进与完善需要依赖于政策的进一步创新性落实。因此，中央政府在后续长江经济带生态环境保护政策的制定中，应适度增强政策力度，做好战略性规划。

二、持续优化政策目标，推进政策目标协同

从第四章研究结果可知，长江经济带生态环境保护政策目标经历了一个逐渐清晰和拓展的过程，各项政策目标受重视的程度随着时间的推移而逐渐强化。但是，中国政府对于不同政策目标的重视程度在不同阶段存在差异。针对长江经济带生态环境保护政策目标的协同性程度，我国政府在未来政策内容的完善中应重视如下建议。

（一）不断优化保育和恢复生态系统、维护清洁水环境政策目标

近些年来，随着长江经济带高质量发展的提出，保育和恢复生态系统政策目标获得了较多的关注。在具体的政策目标落实中，新增水土流失治理面积、自然岸线保有率、森林覆盖率等指标也显著提高。作为流域生态环境保护的核心要素，清洁维护水环境也受到各级政府关注。在未来政策完善中，在持续关注保育和恢复生态系统、维护清洁水环境的同时，中国政府需要进一步基于系统性、全局性优化政策目标。

（二）强化利用水资源和改善城乡环境政策目标

合理利用水资源是长江经济带生态环境保护的主要目标之一。但是，政策文献所传递的信息是合理利用水资源受到的关注程度要低于维护清洁水环境，这在很大程度上是由于"先污染，后治理"的发展路径导致长江流域存在较为严重的污染问题。基于问题的严重性和迫切性会导致相关政策议题具有优先性原理，"维护清洁水环境"因此具有政策目标的优先权。事实上，相较于事后解决问题的"维护清洁水环境"，"合理利用水资源"有事前控制的特征，即通过关口前移减少环境风险。因此，未来政策目标的设计应强调事前预防，减少事后生态环境治理成本。

　　改善城乡环境作为长江经济带生态环境保护的政策目标之一，其关注长江流域的空气质量和土壤安全，也表达了中央政府在政策设计中强调生态环境保护的系统性要求，而不是拘泥于"头痛医头，脚痛医脚"的局部性。在未来的政策设计中，制定具有系统性的政策并采取更加合适的措施开展长江流域大气污染和土壤安全治理，切实改善城乡环境，这应成为政府今后制定长江经济带生态环境保护政策的着力点之一。

　　（三）促进不同政策目标协同推进

　　长江经济带生态环境保护的复杂性和多领域性等特点使得政策制定和执行远远超过了单个部门和单个区域的职责范围以及现有政策领域的边界。这要求中国政府在推进长江经济带生态环境保护政策过程中，有必要将不同目标进行协同组合，通过政策目标协同效应来推动长江经济带高质量发展。

　　三、动态调整政策工具组合，推进政策工具协同

　　为了改善长江流域生态环境状况，中央与地方政府已经出台了一系列政策。其中，我国政府对命令控制型政策工具存在选择偏好和"路径依赖"，带有浓厚的管制性特征，行政命令、执法检查和环保督察等成为主要实施手段。此外，不同类型政策工具之间的协同整合程度较低，主要表现为：三种政策工具类型使用比例失衡，市场激励型和合作型政策工具发展空间较小，协同的基础性要件缺失；强制程度偏高、协同程度较低、整合程度不高，不同政策工具协同功能乏力。由此，长江经济带生态环境保护政策工具的选择需要重点考量整体功能和协同效应，根据政策过程阶段性和政府结构层次性动态调整政策工具，以期强化、细化和优化协同治理的政策工具体系。

　　（一）建立常态化环保督察制度，合理使用命令控制型政策工具

　　长江经济带横跨东、中、西部，市场化水平参差不齐，生态环境差异较大，政策制定者偏好使用行政手段，有一定必然性。由此，在长江经济

带高质量发展征程中，需要进一步合理使用目标责任制、绩效考核、环保督察等命令控制型工具。

长江经济带生态环境保护需要进一步强化长江干支流和重点湖泊水质目标管理制，实施入江污染源控制。目标管理制尽管是属地化思路，但在跨区域治理中，它能纳入更多新元素，通过渐进设置目标体系、确立政府责任、强化属地行政动员、设置跨部门跨区域协同机制、改进监督技术等一系列制度设计，取得不错的成效。因此，在长江经济带生态环境保护中要继续积极探索和完善目标管理制，实行由污染减排目标考核向环境质量目标考核转变，强化制度约束能力。具体来讲，长江岸线和沿江产业园区开发管理要严格实施长江岸线占用许可制度；严控沿江工业企业分散布局和重化工产业园区设计管理，改变长江沿岸重化工分散布局、污染和风险隐患较大的局面。

环境督察制度对于长江经济带生态环境保护政策推进至关重要。环保督察制度作为环境治理体制的重要组成部分，自推行以来已取得较好成效。2016年以来，长江经济带环保专项督察工作启动且开展了一系列活动，在发现问题、情况通报、督促整改上发挥了重要作用。在促进政策的协同中，长江经济带环保专项督察制度以纵向干预的监督形式，强化地方主体的合作意愿以促进协同。长江经济带专项环保督察制度的强化和完善显得特别重要。具体而言，从工作理念上来讲，督察活动既要追求宏观上长江经济带整体设计与环保活动的统筹协调，又要兼顾政府与其他环境治理主体落实相关法律法规制度，还要从微观上顾及各监管对象各项环保检测指标结果。由此可见，长江经济带环保专项督察具有综合性。如果督察工作陷入琐碎的具体事务中，结果可能会导致关注结果而忽视环境保护初衷。因此，专项督察应在树立环境质量改善的理念下，代表生态环境部，对外衔接好政府与其他利益相关者的关系，对内协调好政府间、部门间关系，做好政策的"维护者"。理顺关系，最重要的是分工明确。作为从环境监察中分离出来的专项制度，环保督察更强调"督政"，即对地方各级政府及其环保职能部门开展的环保行为进行监督检查。此外，长江经济带环保专项督察还需要信息共享机制、应急机制、协调机制的相互配合。

（二）创新市场激励型政策工具，助力命令控制型政策工具

在市场化水平不高、公民社会发育不充分的情况下，政策制定者对命令控制型政策工具存在偏好，具有一定必然性。但是，对命令控制型政策工具的过度依赖，不仅容易造成工具选择偏好上的"路径依赖"和惯性思维，影响其他工具的选择，反而使得命令控制型政策工具难以形成约束力与协同力，由此影响政策工具的创新与协同。因此，随着长江经济带生态环境保护政策的推进，实现政策工具的协同还需创新市场激励型政策工具，如生态补偿、生态产品价值实现等制度的完善。

生态补偿制度建立在对生态服务价值科学评估的基础上，是长江经济带生态环境保护协同治理的重要保障。从理论上来讲，长江经济带是一个具有共生关系的流域，下游地区作为生态环境保护的主要受益者，应向中上游地区提供生态补偿。这一方面可以提高中上游地区开展生态环境保护的积极性，另一方面也可以为中上游地区提供切实的资源支持。具体到生态补偿的标准，首先，为了保证生态环境投入与产出的平衡，需要确立"谁受益，谁补偿""多受益，多补偿"原则；然后参考上游向下游地区提供的生态服务价值、因保护生态环境所牺牲的发展机会成本确立补偿金额。其次，为了确保生态合作的可持续性，要建立多渠道生态补偿资金来源机制。目前长江经济带生态补偿资金来源中，来自中央政府对地方政府的纵向转移支付占补偿资金的绝大部分份额，来自部分省市对上游地区零星的对口援助占据少部分份额。但是不论是生态补偿规模，还是持续投入力度，无法弥补上中游地区禁止开发区和重点生态功能区的转移支付成本。因此，进一步开拓新的资金来源以保障生态补偿的可持续性，可以尝试增加下游地方政府财力保障投入、鼓励企业捐赠投入、整合非政府组织募集资金、号召个别居民捐款以及海外环保组织合作以建立长江经济带生态补偿基金。进一步地，将生态补偿额度与环境保护绩效挂钩，逐步提升

生态贫困地区基本公共服务水平，把生态补偿与环境保护、精准扶贫有机结合。最后，加快要素生态补偿，通过直接资金生态补偿快速提升生态致贫居民生活水平，逐步建立下游受益地区对上游生态保护地区的对口支援机制，"输血"转变为"造血"。

（三）启动各方资源，创新合作型政策工具

仅仅依靠政府科层制结构的强制性和市场激励型政策工具所取得的协同效果不佳，这也给合作型政策工具留下了空间。随着社会力量的不断增强和信息化程度的不断提升，长江经济带生态环境保护政策的推进需要进一步强化各级政府对政策工具的组合使用，以更好地适应流域治理协同化、市场化、社会化、信息化的需求。

第三节　提升长江经济带地方政府政策能力，回应生态环境保护需求

在长江经济带生态环境保护的推进中，地方政府有着各自的立场和利益，甚至存在一定程度的冲突。因此，从协同视角完善长江经济带生态环境保护政策，提升地方政府政策能力是促进政策主体间协同、调适政策内容后的另一重要途径。提升流域地方政府政策能力有赖于完善长江经济带地方政府间的信任、信息和交流机制。

一、完善长江经济带地方政府间信任机制

信任是合作关系的黏合剂，是重要的组织凝聚力元素。组织学认为信任与否以及信任水平高低直接影响着组织的正常运转、组织交易成本的大小。这意味着行动者能否走出集体行动的困境而实现合作，除了制度上的激励约束之外，还强调成员之间的信任关系。由此可见，信任是政府合作实现的重要催化剂，也是政策协同不可或缺的重要方面。

长江经济带在追求高质量发展的征途中，需要大力培育信任关系，这

要求约束地方政府自利的一面，也要弘扬利他的一面。具体而言，主要围绕两方面的工作：第一，地方政府建立生态环境信息披露机制、监督机制和评估机制，通过环境规制来建立政府与其他政策主体的信任关系。第二，要以道德伦理建设为依托，在思想和文化上对政府人员进行绿色发展的精神教育，使政府人员的行为能够渗透以公共利益为本位的质量。

二、完善政策主体间信息共享机制

信息共享指政策主体之间信息的互相传递和借鉴。信息的本质是减少不确定性因素。在数字经济的时代背景下，信息资源具有基础性和战略性地位，特别是数据信息不仅成为新的生产要素，而且成为政府决策的关键要素。协同治理的主张者也认可现代信息技术的价值：现代信息技术因其增量效应已成为整体性治理的重要引擎。对于长江经济带而言，信息的沟通和共享是区域合作和政策协同的前提和保障。地方政府应强调信息的元政策地位，改善生态环境信息的公开机制；充分发挥流域一张网和数据共享优势，打破数据壁垒，推进上下级政府之间、地方政府及其职能部门之间信息系统对接整合，实现数据共享和业务协同，全面提升生态环境保护绩效。具体而言，可从如下几方面展开：

（一）开启长江经济带生态环境保护信息化新模式

对于环境管理业务流程，信息技术具有再造、重组、优化优势。长江经济带生态环境管理开启信息化管理新模式，应构建以政府为中心的多元主体合作的体系，实行企业环境信息报告、环境信息公开、环境保护公众广泛参与等制度，开启生产全过程一证管理新模式。此外，有必要借助全国统一社会信用代码制度，建立长江经济带排污许可证登记信息管理平台及环境信息公开平台，由此形成信息库，集成、串联、融合长江经济带环境监管领域业务，在此基础上提高环境监测和管理的能力。

（二）打造长江经济带生态环境信息网络服务平台

长江经济带生态环境保护问题具有跨域性和复杂性，政策协同的实现需要依托政府公共服务平台，发挥互联网高效便捷、突破空间限制的优势，打造多管齐下的环境信息网络服务平台，实现政府部门业务的高度集成。值得一提的是，在发挥政府网站信息公开、政民互动、在线服务三大功能的基础上，各层级政府紧跟信息社会发展脚步，创新信息提供方式，推出政务微博、政务公众号、政务 App 等多种形式的新媒体，为社会公众提供多层次、全方位的信息服务，提升社会公众的知情权、开拓更多地参与途径。

（三）建立长江经济带生态环境监测网络

长江经济带生态环境保护涉及空间范围广阔且具有差异性，涉及领域多而庞杂且具有关联性。因此，在信息平台的基础上，生态环境保护的信息化还需综合利用对地观测技术、地理信息系统技术，结合地面常规监测、应急监测、日常统计调查等数据获取方式建立长江经济带生态环境监测网络，建立涵盖大气、土壤、水、生物多样性、湿地、草原、森林等环境要素信息获取体系，监测网络覆盖城市和农村空间，服务于环境监测预警、环境信息分享与生态环境决策，推进生态环境治理体系和能力现代化。

（四）提升资源共享和开发利用水平

为实现长江经济带信息资源的集中和统一管理，目前已有长江经济带大数据平台、长江经济网等包含有资源、环境的专题数据，为数据共享工作奠定了坚实的基础。但是，数据信息也存在滞后性、度量单位不统一等问题。因此，信息化建设需要继续推动信息资源的开发利用，为生态环境保护提供全面的、多层次的数据服务。此外，信息化建设还需寻求与百度、阿里巴巴等互联网企业合作，形成大数据，提高生态环境信息的统计能力和应用能力，致力于增强政府政策能力、提升系统互联互通水平。

（五）提升生态环境突发事件预警和应对能力

提升长江经济带生态环境突发事件预警和应对能力，是信息化建设的应有之义。围绕大气、水、土壤等方面的环境问题，长江经济带生态环境保护信息化工作还应以构建环境监测预警评估体系、环境风险防范和应急处置系统为目标，建设包括大气环境、水环境和生态安全等领域的信息系统，具备质量监测预警意识，创新分析研判手段，提高各类突发事件的应对能力。

三、搭建长江经济带生态环境交流协商机制

协调是指经济带内各政策主体在政策改进或完善中的相互配合和互动。基于横向协调的视角，协商机制主张调动地方政府的积极性、主动性，通过联席会议等方式提供面对面的交流机会，形成规范的对话与交流机制。在交流中，各方政策主体对长江经济带生态环境保护规划的执行、各城市间发展对接的思路、流域内跨域事务的解决进行探讨，制定流域政策一体化章程。长江经济带生态环境保护中的政策协调能力应从成本分摊和利益共享中得以实现。

（一）强调合作，推进"差异化协同"

长江经济带横跨中国东、中、西部，地理空间、生态环境、发展水平等方面差异性较大，因此，生态环境保护政策目标要注重区别对待，在差异基础上寻求协同。在政策目标上以绿色发展、协调区域利益为导向，在生态环境保护上以主体功能区划为基础，强化分区管治。

（二）构建长江流域污染治理成本分摊机制

跨界污染的外部性问题和"免费搭车"现象，导致长江流域省际之间在污染治理上投入不足。由此，加大流域生态环境治理力度首要的是解决对流域污染治理产生的成本如何进行合理有效分摊的问题，成本分摊机制的探讨可以增加地方政府对流域污染的投资，促进生态环境保护。

（三）构建长江流域生态环境治理成果共享机制

生态环境治理成果共享是一个多元主体参与的过程，各个主体之间不仅要各自承担重要职能，而且需要一个相互联系、相互协作的运行机制。由此，长江流域地方政府要形成成果共享意识，健全生态环境治理成果共

享机制；在省域之间的政策沟通中也要通过完善政策保障机制，实现生态环境共建、生态利益共享。

本 章 小 结

围绕"主体—内容—能力"三个方面的分析与评价结论，本章基于协同视角从完善组织结构、推动政策内容调适、提升政策能力三个方面对完善长江经济带生态环境保护政策提出了对策建议。从完善组织结构来讲，完善长江经济带生态环境保护政策需要从促进中央政府部级协同、流域地方政府间的横向合作和纵向嵌入式协同三个方面持续发力。从政策内容调适而言，政策内容的完善需要强化政策效力、实现政策目标协同和政策工具协同。从提升政策能力而言，我国政府应致力于按照协同的生成、沟通和调整阶段开展配套的机制建设。

第七章　研究结论与展望

第一节　研究结论

　　长江经济带高质量发展在区域发展总体格局中具有重要战略地位。《长江经济带发展规划纲要》明确提出，把保护和修复长江生态环境摆在首要位置。"生态优先，绿色发展"成为长江经济带高质量发展的出发点和立足点，"共抓大保护，不搞大开发"成为中央与地方政府政策内容生产与再生产的根本遵循。本书基于系统论、协同治理和政策协同等理论，从生态系统整体性和流域系统性出发，以长江经济带生态环境保护政策评价为研究主题，从协同视角对政策主体、政策内容和政策能力三个方面展开研究。本书的主要结论和理论贡献总结如下。

一、政策主体间通过合作形成协同关系，是长江经济带生态环境保护协同治理推进的前提条件

　　通过对长江经济带生态环境保护政策问题进行理论和现实分析发现，长江经济带生态环境保护具有跨域性。长江经济带生态环境保护突破了传统行政区范畴，具有空间上的跨域性；生态环境问题涉及生态环境、水利、发改委等部门，组织上具有了跨部门的特征；生态环境保护涉及多方面，具有跨领域的特征。面对跨域性问题，传统的属地化、部门化管理往往导致"碎片化"后果，难以解决跨域性问题。协同治理的整体性、系统性思维为跨域性复杂问题的解决提供了思路。协同治理理论认为公共政

策领域的政策需要协同，多元化的政策主体致力于公共目标和价值的实现，政策主体的合作意愿与行为是协同治理的前提条件。

基于网络结构研究途径，本书主要利用政策文献分析法和社会网络分析法，借助 UCNET 和 NetDraw 等社会网络分析工具，从中央政府部际关系、地方政府间关系和纵向政府间关系三个方面从协同视角对长江经济带生态环境保护政策主体所形成的关系展开了分析与评价。研究发现，中央政府部际间呈现出协同网络规模越来越大、协同程度逐步加深、协同作用在不断增强的特征；地方政府间呈现出合作频率波动式增长、合作方式以正式性程度较低的考察交流为主、网络结构呈现出显著的"核心—边缘"结构，这说明地方政府在长江经济带生态环境保护政策议题中，合作意愿较强，但合作行为深度不够；纵向政府间呈现出纵向嵌入式协同趋势，在常规科层组织中逐渐演化出任务型和衍生型组织推动政策协同。

总体而言，在长江经济带生态环境保护政策议题中，中央层面参与长江经济带生态环境保护政策制定的部门越来越多，中央政府部门间协同关系逐渐形成并不断强化，部际协同制定政策机制不断完善；地方政府间合作呈现出"高意愿，低行为"特征，更多处于探索性、象征性层次，行政区壁垒依然是区域合作的障碍；在纵向政府关系中，长江经济带生态环境保护的纵向政策主体呈现出纵向嵌入式协同的逻辑与特征。中央政府部际间协同、地方政府横向合作和纵向政府嵌入式协同有机联系、相互联动，形成长江经济带生态环境保护政策主体协同的复杂形态。

二、政策内容调适追求内容的"一致性"，是推进长江经济带生态环境保护协同治理的桥梁和载体

通过考察政策子系统中政策要素的变迁能有效克服政策循环研究的缺点。这也意味着，政策内容调适通过重点政策要素的变迁体现出来，即考察政策效力、政策目标和政策工具等政策要素能打开政策内容"黑箱"、反映政策实现协同价值的内在逻辑。因此，本书关于长江经济带生态环境

保护政策内容的研究通过考察政策效力、政策目标和政策工具等要素的协同状况实现。

本书主要应用政策文献量化研究和内容分析法，借助 Nvivo 质性分析软件，重点考察政策效力、政策目标间协同和政策工具间协同发现，长江经济带生态环境保护获得越来越多的注意力；政策总效力在逐渐增强，平均效力波动较大，这说明政策制定上存在忙于应对短期生态环境保护目标的行为，长江经济带生态环境保护政策的制定缺乏一定的战略性和系统性；政策目标逐渐细化，协同程度也逐渐增强，但是，政策目标之间的协同程度存在不均衡。中国政府采用多种政策工具组合推进长江经济带生态环境保护，政策工具协同状况均呈现出上升趋势。这说明"协同"贯穿政策过程始终，它是一种类似改革的概念，具有动态性、长期性和渐进性。在政策要素发挥作用的过程中，没有任何问题能"最终解决"，不同议题之间的重叠、不一致和冲突是决策者要始终面临的问题，需要不断地进行政策效力、政策目标和政策工具调适并出台相关配套政策。换句话说，政策的协同只有进行时，没有完成时。政策的协同不仅要追求政策完美和谐的目标，更是致力于实现与冲突有关的程序价值，使不同政策的相关要素趋于一致。

三、生态环境保护绩效与政策能力的协同度既是长江经济带生态环境保护协同治理的结果，又是政策循环的新起点

政策能力能彰显政府在政策制定和执行上的主动性、权变性，能较好地实现政策协同所追求的兼容性、匹配性和延续性价值。本书将政策能力界定为长江经济带地方政府共同合作致力于有效的政策设计从而解决生态环境问题的能力。

为更全面地从全过程"协同"视角对长江经济带生态环境保护政策进行评价，在对政策主体和政策内容进行分析和评价的基础上，本书将生态环境保护政策系统化为政策能力和生态环境保护两个子系统对其进行协

同度测量和评价。

通过耦合协同度模型进行测量发现，长江经济带生态环境保护政策协同呈现出"高耦合、低协同"特征。这意味着，生态环境保护问题的解决以及在多大程度上解决与地方政府政策能力息息相关，地方政府政策能力的提升也需要在生态环境保护问题解决中实现。但在现实中，长江经济带9省2市在生态环境保护子系统整体上表现不佳，上中下游各地区各有短板；在政策能力上，地方政府政策能力总体在逐步增强，但在地理空间分布上强弱不均，9省2市表现出显著的差异性；长江经济带生态环境保护子系统和政策能力子系统协同度有待提高。

四、推进"主体—内容—能力"三个方面的协同是进一步完善长江经济带生态环境保护的有效途径

正所谓"协同没有过去时，只有进行时"。基于研究结论，本书认为可以针对"主体—内容—能力"三个方面的短板和问题，完善长江经济带生态环境保护政策。从政策主体而言，长江经济带生态环境保护政策的完善需要进一步推进中央政府部际合作、深化地方政府合作和促进纵向政府嵌入式协同，夯实协同基础和前提条件。从政策内容而言，长江经济带生态环境保护政策需要进一步调适政策效力、政策目标和政策工具等政策内容，持续追求"协同"的程序价值。从政策能力而言，长江经济带生态环境保护政策的完善需要进一步挖掘和提升地方政府政策能力，通过信任机制、信息共享机制、交流机制提升政府间协同水平。三个方面推进政策的协同途径覆盖政策全过程和多方面，具有完整性和可行性。

第二节　理论贡献

本书试图做出的理论贡献主要有以下几点：

一、拓展协同治理理论研究

第一，深化了协同治理理论在公共政策领域中发挥作用的研究。在跨域性问题上，传统的"属地化"和"部门化"行政管理模式导致各自为政的"碎片化"问题，难以应对现实问题，不能满足跨域性公共问题增长对政策协同的现实需求。协同治理是应对跨域性问题和解决政策冲突的必由之路，既是政策冲突应对的新探索，也是"公共事务公共治理"的现实选择和发展方向。本书将协同治理理论移植和嫁接至公共政策领域，在公共政策领域回应协同治理理论。特别是通过"主体—过程—能力"三个维度的分析框架对长江经济带生态环境保护政策主体、过程和能力进行评价，将协同治理理论应用于具体公共政策研究。

第二，丰富了协同治理理论在区域治理领域的研究。流域作为区域的特殊形式，具有城市群等区域概念相同和相异的特征。因其自然流动性，流域甚至更具有复杂性。流域治理主体牵涉主体繁杂、领域众多。本书锁定长江经济带"政府"主体，聚焦政府内部的协同。此外，长江经济带生态环境保护作为典型的跨域性问题，对其开展研究丰富了跨域性问题协同治理的样本库。

二、丰富政策内容研究

政策内容是政策的载体和呈现。政策的变迁、完善和发展往往呈现为政策内容的生产与再生产。协同视角下的政策内容也呈现出持续、渐进的变迁。基于深化协同治理理论研究的初衷，本书以政策文献内容为切入点，确立政策效力、政策目标和政策工具的研究内容，尝试一条政策内容研究的新思路。

基于利用内容分析法、从协同视角观察和审视长江经济带生态环境保护政策内容发现，政策主体往往通过调适政策目标、政策工具等政策要素渐进地推进政策的协同，政策内容的生产与再生产在"不均衡"中实现着"协同"价值。从这个意义上来讲，政策内容调适呈现为一个不断试错的持续过程，而恰恰是不断试错才使得协同得以推进。此外，政策内容调适符合改革的渐进性和增量改革的路径，在政策执行过程中按照从高层到基层，从外围到核心的步骤推进。因此，对待政策内容中的不合理问题，既不可徘徊不前，也不能操之过急。

总体而言，本书从协同视角展开对长江经济带生态环境保护政策的评价研究，通过内容分析法和政策要素的分析能一定程度上为其他领域的政策内容研究提供借鉴。

三、深化政策能力理论

政策能力是从西方学界引进的新概念，一定程度上体现了政府对社会需求的回应性。在国家和地方治理体系和治理能力现代化的背景下，政策能力也逐渐受到学术界的关注。已有研究专注于厘清政策能力的含义、评价等探索性研究。此外，也有学者在乡村振兴、应对公共危机等政策领域提出通过提升政策能力以破解困境。在"共抓大保护，不搞大开发"的价值观引领下，长江经济带地方政府也需要通过提升相应政策能力回应生态环境保护要求。

本书从系统论出发认为长江经济带生态环境保护绩效和地方政府政策能力两个子系统存在耦合关系，一方面，长江经济带生态环境绩效为地方政府政策能力提升提供压力和动力；另一方面，政策能力是生态环境保护绩效提高的保障。这也是两个系统能够运用耦合协同度模型进行协同评估的前提和理论基础。基于整体系统刻画，本书将长江经济带生态环境保护政策系统化为地方政府政策能力和生态环境保护绩效两个子系统，应用耦合协同度模型测算整体系统的协同度能较好地反映长江经济带生态环境保护的真实状况，为进一步的政策完善提供依据和思路。

总体而言，本书认为政策能力具有权变性、动态性，既能反映政策的结果，又能作为政策过程推进的新起点。此外，本书从系统论出发，将政策能力作为具体政策领域的重要子系统以发现政策领域的真实状况，是一种比较创新的政策协同研究途径。

第三节　研究展望

总体而言，本书应用政策文献量化法、社会网络分析法、内容分析法和量化分析法等不同研究方法，从协同视角对长江经济带生态环境保护政策评价展开了分析与研究，能够在一定程度上深化现有流域生态环境协同治理相关研究。此外，本书基于研究结论对长江经济带生态环境保护政策完善提供了建议以及研究展望，具有一定的理论和现实意义。但是，本书显然也存在不足之处，有待在未来研究中加以补充和延展。

一、细分具体领域，选择生态环境保护的重点领域展开政策评价研究

领域差异对于生态环境保护政策协同方式的选择和机制的构建具有重要意义。长江经济带生态环境包含水环境污染、大气污染、化工围江、生物多样性减少等问题，并生成不同的细分领域。不同领域之间事实上除了外部性、流动性等特征之外，还具有差异性，这些差异性会通过微观行为机理影响流域生态环境治理的宏观结构。因此，如果说目前关于生态环境保护政策协同的探索是从宏观层面作了浅显的研究，那么未来研究将会围绕水环境保护、水污染治理等具体领域的政策展开。

二、围绕政策协同研究主题，进一步开展影响因素和作用效果研究

对政策的协同开展实证分析，挖掘其影响因素，更有针对性地提出提高政策协同水平的建议是未来要继续努力的方向。随着跨域性问题的增多，政策协同理论和实践研究的价值不言而喻。本书主要基于政策文本和

日报数据进行政策文献量化分析，尚未开发出政策协同的量表，也没有对其影响因素和效果进行严谨的实证分析。由此，未来研究应采用更多的研究方法和研究途径推进政策协同研究。

三、拓展流域生态环境治理

长江经济带生态环境保护政策的探索可以向流域内更小的区域、流域外其他区域推进。生态环境协同治理非一日之功，长江经济带上、中、下游也逐步形成长三角一体化发展、中游城市群、成渝双城经济圈等更小范围内的区域。因此，在长江经济带宏观层面的探索可以进一步推进到流域内更小的区域作具体研究。总体而言，未来研究可聚焦具体区域，在更多领域、更多层面探讨政策的协同。

附录 长江经济带生态环境保护政策文献

政府	文件名称	发布时间	发文单位	效力级别
中央	关于将长江上游列为全国水土保持重点防治区报告的批复	1988.04.22	国务院	国务院规范性文件
中央	关于长江流域综合利用规划简要报告的审查意见	1990.09.21	国务院	国务院规范性文件
中央	长江渔业资源管理规定	1995.09.28	农业部	部门规章
中央	关于加强长江船舶垃圾和沿岸固体废物管理的若干意见	1997.11.17	交通部，建设部，国家环境保护总局	部门规范性文件
中央	防止船舶垃圾和沿岸固体废物污染长江水域管理规定	1997.12.24	交通部，建设部，国家环境保护总局	部门规章
中央	关于做好长江船舶垃圾防治工作的紧急通知	1998.04.29	交通部	部门工作文件
中央	关于进一步加强长江干线船舶载运危险品监督管理的通知	1998.06.04	交通部	部门规范性文件
中央	关于长江上游水污染整治规划的批复	1999.01.25	国务院	国务院规范性文件
中央	吕泗、长江口和舟山渔场部分海域捕捞许可管理规定	1999.02.13	农业部	部门规范性文件
中央	关于开展白鳍豚、江豚与长江环境同步监测活动的通知	1999.09.30	农业部	部门工作文件
中央	转发水利部关于加强长江中下游河道采砂管理意见的通知	2000.06.08	国务院办公厅	国务院规范性文件
中央	长江河道采砂管理条例	2001.10.25	国务院	国务院规范性文件

政府	文件名称	发布时间	发文单位	效力级别
中央	关于发布《长江三峡水库库底固体废物清理技术规范（试行）》的通知	2002.04.11	国家环保总局、国务院三峡工程建设委员会办公室	部门工作文件
中央	关于印发《长江三峡库区水污染防治规划阶段性验收及饮用水源安全评价工作技术大纲》的通知	2003.01.13	国家环保总局	部门工作文件
中央	关于加强长江三峡库区船舶防污染工作的通知	2003.04.08	交通部，建设部	部门规范性文件
中央	长江河道采矿管理条例实施办法	2003.06.02	水利部	部门规章
中央	关于建立国家环境保护长江重点水生野生动物保护中心的通知	2003.06.23	国家环境保护总局	部门规范性文件
中央	关于加强长江流域等重点地区防护林体系工程建设和管理工作的若干意见	2003.09.24	国家林业局	部门规范性文件
中央	关于实施2004年长江禁渔期制度的通知	2004.01.06	农业部	部门工作文件
中央	关于调整长江合江—雷波段珍稀鱼类国家级自然保护区有关问题的通知	2005.05.08	国家环保总局	部门规范性文件
中央	长江中下游水污染防治"十一五"规划编制工作方案	2005.11.04	国家环保总局	部门规范性文件
中央	关于进一步推进长江三角洲地区改革开放和经济社会发展的指导意见	2008.09.07	国务院	国务院规范性文件
中央	关于加强2010年长江禁渔期渔政执法检查的通知	2010.01.26	农业部办公厅	部门工作文件
中央	长江三角洲地区区域规划	2010.06.07	国家发展改革委	部门工作文件
中央	关于加强2011年长江禁渔期渔政执法检查的通知	2011.01.14	农业部办公厅	部门工作文件
中央	关于加快长江等内河水运发展的意见	2011.01.21	国务院	国务院规范性文件
中央	关于编制长江流域防护林体系建设三期工程规划有关问题的通知	2011.03.01	国家林业局	部门规范性文件
中央	关于组织开展长江中下游渔业资源修复增殖放流行动的通知	2011.06.24	农业部办公厅	部门工作文件

续表

政府	文件名称	发布时间	发文单位	效力级别
中央	《长江中下游流域水污染防治规划（2011—2015年）》的通知	2011.09.12	环境保护部，国家发展改革委，财政部、住房和城乡建设部	部门工作文件
中央	关于做好2012年长江禁渔期渔政执法检查工作的通知	2012.01.06	农业部办公厅	部门工作文件
中央	关于开展长江黄金水道建设情况检查工作的通知	2012.09.10	交通运输部办公厅	部门工作文件
中央	关于进一步加强长江河道采砂管理工作的通知	2012.09.20	水利部，交通运输部	部门规范性文件
中央	关于进一步加强长江危化品运输安全管理工作的通知	2012.12.27	交通运输部	部门规范性文件
中央	关于做好2013年长江流域渔政执法护渔行动有关工作的通知	2013.01.30	农业部办公厅	部门工作文件
中央	关于印发《长江流域防护林体系建设三期工程规划（2011—2020年）》的通知	2013.04.08	国家林业局	部门工作文件
中央	关于印发长江流域省际水事纠纷预防和处理实施办法的通知	2013.04.18	长江水利委员会	部门工作文件
中央	长江航务管理局关于进一步加强冬季安全管理工作的通知	2013.12	交通运输部	部门工作文件
中央	关于做好2014年度长江上游珍稀特有鱼类国家级自然保护区生态补偿项目工作的通知	2014.05.30	农业部办公厅	部门工作文件
中央	关于印发推进长江危险化学品运输安全保障体系建设工作方案的通知	2014.06.09	国务院办公厅	国务院规范性文件
中央	关于依托黄金水道推动长江经济带发展的指导意见	2014.09.12	国务院	国务院规范性文件
中央	关于进一步加强长江江豚保护管理工作的通知	2014.10.01	农业部	部门规范性文件
中央	关于开展长江、珠江流域禁渔期同步执法行动的通知	2014.10.21	农业部	部门规范性文件
中央	长江中游城市群发展规划	2015.04.13	国家发展改革委	部门工作文件
中央	关于调整长江流域禁渔期制度的通告	2015.12.23	农业部	部门工作文件

续表

政府	文件名称	发布时间	发文单位	效力级别
中央	办公厅关于开展长江河道采砂管理联合检查的通知	2016	水利部，交通运输部	部门工作文件
中央	印发关于加强长江黄金水道环境污染防控治理的指导意见的通知	2016.02.23	国家发展改革委，环境保护部	部门工作文件
中央	关于加强长江经济带造林绿化的指导意见	2016.02.24	国家发展改革委，国家林业局	部门工作文件
中央	关于印发《长江经济带创新驱动产业转型升级方案》的通知	2016.03.02	国家发展改革委，科学技术部，工业和信息化部	部门工作文件
中央	关于加强长江江豚保护工作的紧急通知	2016.04.13	农业部办公厅	部门工作文件
中央	关于建设长江经济带国家级转型升级示范开发区的通知	2016.05.25	国家发展改革委	部门工作文件
中央	长江三角洲城市群发展规划	2016.06.01	国家发展改革委，住房和城乡建设部	部门工作文件
中央	关于开展长江河道采砂管理联合检查的通知（2015）	2016.10.27	水利部办公厅，交通运输部办公厅	部门工作文件
中央	关于长江干流禁止使用单船拖网等十四种渔具的通告（试行）	2017.01.20	农业部	部门规章
中央	关于印发长江干线危险化学品船舶锚地布局方案（2016—2030年）的通知	2017.01.22	交通运输部办公厅	部门规章
中央	关于推动落实长江流域水生生物保护区全面禁捕工作的意见	2017.02.27	农业部	部门规章
中央	关于加强长江经济带工业绿色发展的指导意见	2017.6.30	工业和信息化部，发展改革委，科学技术部，财政部，环境保护部	部门工作文件
中央	关于长江干流实施捕捞准用渔具和过渡渔具最小网目尺寸制度的通告（试行）	2017.07.01	农业部	部门规章

政府	文件名称	发布时间	发文单位	效力级别
中央	长江经济带生态环境保护规划	2017.07.17	环境保护部，国家发展改革委，水利部	部门工作文件
中央	关于推进长江经济带绿色航运发展的指导意见	2017.08.04	交通运输部	部门规章
中央	关于开展长江非法采砂专项整治行动的通知	2017.09.08	水利部办公厅	部门规章
中央	关于公布率先全面禁捕长江流域水生生物保护区名录的通告	2017.11.24	农业部	部门规章
中央	关于建立健全长江经济带生态补偿与保护长效机制的指导意见	2018.02.13	财政部	部门规章
中央	关于印发长江干线水上洗舱站布局方案的通知	2018.05.02	交通运输部办公厅	部门规章
中央	关于对安徽省、湖南省、重庆市的7起长江生态环境违法案件挂牌督办的通知	2018.05.07	生态环境部	部门规章
中央	关于全面排查处理长江沿线自然保护地违法违规开发活动的通知	2018.05.10	生态环境部	部门规章
中央	关于印发《长江鲟（达氏鲟）拯救行动计划（2018—2035）》的通知	2018.05.15	农业农村部	部门工作文件
中央	关于请提供编制《长江经济带生态保护修复规划（2018—2035年）》基础数据和材料的通知	2018.05.28	国家林业和草原局办公室	部门规章
中央	关于请提供编制《长江经济带生态保护修复规划（2018—2035年）》基础数据和材料的通知	2018.05.28	国家林业和草原局办公室	部门工作文件
中央	关于印发长江水利委员会行政审批项目水影响论证报告编制大纲（试行）的通知	2018.05.29	水利部长江水利委员会	部门工作文件
中央	关于加强汛期长江河道采砂管理工作的通知	2018.05.31	水利部办公厅	部门工作文件
中央	关于全面推动长江经济带司法鉴定协同发展的实施意见	2018.06.13	司法部	部门工作文件
中央	审计结果公告2018年第3号——长江经济带生态环境保护审计结果	2018.06.19	审计署	部门工作文件
中央	关于加快长江干线推进靠港船舶使用岸电和推广液化天然气船舶应用的指导意见	2018.09.10	交通运输部办公厅	部门规范性文件

政府	文件名称	发布时间	发文单位	效力级别
中央	关于支持长江经济带农业农村绿色发展的实施意见	2018.09.11	农业农村部	部门规范性文件
中央	关于开展长江河道采砂管理专项检查的通知（2018）	2018.09.13	水利部办公厅，交通运输部办公厅	部门工作文件
中央	关于加强长江水生生物保护工作的意见	2018.09.24	国务院办公厅	国务院规范性文件
中央	关于加快推进长江两岸造林绿化的指导意见	2018.09.25	国家发展改革委，水利部，自然资源部，国家林业和草原局	部门规范性文件
中央	关于长江干线武汉至安庆段6米水深航道整治工程环境影响报告书的批复	2018.09.27	生态环境部	行政许可批复
中央	印发《关于加快推进长江经济带农业面源污染治理的指导意见》的通知	2018.10.26	国家发展和改革委，生态环境部，农业农村部，住房和城乡建设部，水利部	部门规范性文件
中央	关于印发《长江流域水环境质量监测预警办法（试行）》的通知	2018.11.05	生态环境部办公厅	部门规范性文件
中央	关于长江口南槽航道治理一期工程环境影响报告书的批复	2018.11.27	生态环境部	行政许可批复
中央	关于开展长江经济带小水电清理整改工作的意见	2018.12.06	水利部，国家发展改革委，生态环境部，国家能源局	部门规范性文件
中央	关于调整长江流域专项捕捞管理制度的通告	2018.12.28	农业农村部	部门规范性文件
中央	关于开展长江生态环境保护修复驻点跟踪研究工作的通知	2018.12.28	生态环境部	部门工作文件
中央	关于印发《长江保护修复攻坚战行动计划》的通知	2018.12.31	生态环境部，国家发展改革委	部门工作文件

续表

政府	文件名称	发布时间	发文单位	效力级别
中央	关于严格管控长江干线港口岸线资源利用的通知	2019	交通运输部办公厅,国家发展改革委办公厅	部门工作文件
中央	关于印发《长江流域重点水域禁捕和建立补偿制度实施方案》的通知	2019.01.06	农业农村部,财政部,人力资源和社会保障部	部门规范性文件
中央	关于长江河道采砂管理实行砂石采运管理单制度的通知	2019.02.22	水利部,交通运输部	部门规范性文件
中央	关于印发推进长江经济带农业农村绿色发展2019年工作要点的通知	2019.03.19	农业农村部办公厅	部门工作文件
中央	关于举办打好长江保护修复攻坚战生态环境科技成果推介活动(成都)的通知	2019.04.25	生态环境部办公厅	部门工作文件
中央	关于开展长江经济带废弃露天矿山生态修复工作的通知	2019.04.25	自然资源部办公厅	部门工作文件
中央	关于举办长江生态环境保护修复驻点跟踪研究培训班的通知	2019.05.27	生态环境部办公厅	部门工作文件
中央	关于报送长江经济带工业园区污水处理设施整治专项行动有关成果的函	2019.05.27	生态环境部水生态环境司	部门工作文件
中央	关于发布《长江安徽段船舶定线制规定》《长江三峡库区船舶定线制规定》的公告(2019修订)	2019.05.29	交通运输部	部门规范性文件
中央	关于推进长江航运高质量发展的意见	2019.07.01	交通运输部	部门规范性文件
中央	办公厅关于举办打好长江保护修复攻坚战生态环境科技成果推介活动(长沙)的通知	2019.07.17	生态环境部办公厅	部门工作文件
中央	关于加强长江经济带小水电站生态流量监管的通知	2019.08.21	水利部,生态环境部	部门工作文件
中央	关于开展长江干流河道采砂统一清江行动的通知	2019.09.06	水利部办公厅	部门工作文件
中央	关于长江上游朝天门至涪陵河段航道整治工程可行性研究报告的批复	2019.09.20	国家发展改革委	部门工作文件

政府	文件名称	发布时间	发文单位	效力级别
中央	关于举办打好长江保护修复攻坚战生态环境科技成果推介活动（南京）的通知	2019.09.25	生态环境部办公厅	部门工作文件
中央	关于支持和服务长江三角洲区域一体化发展措施的通知	2019.11.27	国家税务总局	部门工作文件
中央	关于长江流域重点水域禁捕范围和时间的通告	2019.12.27	农业农村部	部门规范性文件
中央	关于印发长江流域（含太湖流域）取水工程（设施）核查登记整改提升工作有关问题处理意见的通知	2020	水利部办公厅	部门规范性文件
中央	关于做好长江流域（含太湖流域）取水工程（设施）核查登记整改提升工作的通知	2020.01.15	水利部办公厅	部门工作文件
中央	关于印发长江经济带船舶和港口污染突出问题整治方案的通知	2020.01.17	交通运输部，国家发展改革委，生态环境部，住房和城乡建设部	部门工作文件
中央	关于发布《长江三峡—葛洲坝水利枢纽两坝间航道汛期通航流量标准》的公告	2020.02.25	交通运输部	交通运输部
中央	关于建立整治长江经济带船舶和港口污染突出问题月度调度机制的通知	2020.02.25	交通运输部办公厅	交通运输部
中央	长江流域渔政监督管理办公室关于印发《农业农村部长江流域渔政监督管理办公室2020年工作要点》的通知	2020.03.05	农业农村部	部门工作文件
中央	关于建立长江河道采砂管理合作机制的通知	2020.03.12	水利部，公安部，交通运输部	部门工作文件
中央	关于加强长江流域禁捕执法管理工作的意见	2020.03.18	农业农村部	部门规范性文件
中央	关于开展长江流域重点水域退捕渔船渔民信息建档立卡"回头看"的通知	2020.03.23	农业农村部办公厅，财政部办公厅，人力资源和社会保障部办公厅	部门工作文件

政府	文件名称	发布时间	发文单位	效力级别
中央	关于印发《长江干线过江通道布局规划（2020—2035年）》的通知	2020.03.31	国家发展改革委	部门工作文件
中央	关于印发《长江三角洲地区交通运输更高质量一体化发展规划》的通知	2020.04.02	国家发展改革委，交通运输部	部门规范性文件
中央	关于完善长江经济带污水处理收费机制有关政策的指导意见	2020.04.07	国家发展改革委，财政部，住房和城乡建设部，生态环境部，水利部	部门规范性文件
中央	关于印发道路货物运输价格统计调查制度和长江航运价格统计调查制度的通知	2020.04.08	交通运输部办公厅	部门规范性文件
中央	关于长江流域重点水域退捕渔船信息管理系统升级情况的通知	2020.04.24	农业农村部，长江流域渔政监督管理办公室	部门工作文件
中央	关于长江上游羊石盘至上白沙水道航道整治工程可行性研究报告的批复	2020.04.26	国家发展改革委	行政许可批复
中央	关于印发长江经济带小水电清理整改验收销号工作指导意见的通知	2020.05.18	水利部办公厅	部门规范性文件
中央	关于长江上游朝天门至涪陵河段航道整治工程环境影响报告书的批复	2020.05.21	生态环境部	部门工作文件
中央	关于"河湖长制下跨界河湖联防联控制度研究"征询意向公告	2020.06.16	水利部长江水利委员会	部门工作文件
中央	关于4个水事违法举报电话整合并入027-82820111的公告	2020.07.01	水利部长江水利委员会	部门工作文件
中央	关于做好长江经济带船舶水污染物联合监管与服务信息系统应用有关工作的通知	2020.07.02	交通运输部办公厅，生态环境部办公厅，住房和城乡建设部办公厅	部门工作文件
中央	关于切实做好长江流域禁捕有关工作的通知	2020.07.04	国务院办公厅	国务院规范性文件
中央	关于开展"长江禁捕　打非断链"专项行动的公告	2020.07.15	国家市场监督管理总局	部门工作文件

续表

政府	文件名称	发布时间	发文单位	效力级别
中央	关于做好长江流域禁捕退捕渔民职业技能培训工作的通知	2020.07.21	人力资源和社会保障部办公厅	部门工作文件
中央	关于长江流域重点水域违法捕捞典型案例的通报	2020.07.28	农业农村部办公厅	部门工作文件
中央	关于发布2019年度长江泥沙公报的通告	2020.07.30	水利部长江水利委员会	部门工作文件
中央	关于进一步支持和服务长江三角洲区域一体化发展若干措施的通知	2020.07.31	国家税务总局	部门规范性文件
中央	关于开展长江流域非法矮围专项整治的通知	2020.08.14	水利部办公厅	部门工作文件
中央	关于启用长江口海域5#和6#临时性海洋倾倒区的公告	2020.08.24	生态环境部	部门工作文件
中央	关于发布2019年度长江流域及西南诸河水资源公报的通告	2020.09.14	水利部长江水利委员会	部门工作文件
中央	关于加强长江干流河道疏浚砂综合利用管理工作的指导意见	2020.09.25	水利部,交通运输部	部门规范性文件
中央	关于做好长江建档立卡退捕渔民申领海洋渔业普通船员证书工作的通知	2020.10.16	农业农村部	部门工作文件
中央	关于发布《长江干线通航标准》的公告	2020.11.02	交通运输部	交通运输部
中央	关于设立长江口禁捕管理区的通告	2020.11.19	农业农村部	部门规范性文件
中央	关于推动建立长江流域渔政协助巡护队伍的意见	2020.11.23	农业农村部办公厅,人力资源和社会保障部办公厅,财政部办公厅	部门规范性文件
中央	关于进一步明确长江禁捕期间因特殊需要采集水生生物有关事项的函	2020.11.24	农业农村部办公厅	部门工作文件
中央	关于进一步加强长江流域垂钓管理工作的意见	2020.12.16	农业农村部办公厅	部门规范性文件
中央	关于印发《依法惩治长江流域非法捕捞等违法犯罪的意见》的通知	2020.12.17	最高人民法院,最高人民检察院,公安部,农业农村部	部门规范性文件

政府	文件名称	发布时间	发文单位	效力级别
中央	中华人民共和国长江保护法	2020.12.26	全国人大常委会	法规
中央	关于长江航务管理局牵头组织推进长江水系船舶岸电系统船载装置改造有关工作的通知	2021.02.02	交通运输部办公厅	部门工作文件
中央	关于深入学习宣传贯彻《中华人民共和国长江保护法》的通知	2021.02.24	交通运输部	部门工作文件
中央	关于印发《加强长江经济带尾矿库污染防治实施方案》的通知	2021.02.26	生态环境部办公厅	部门工作文件
中央	关于印发《长江等内河高等级航道建设中央预算内投资专项管理办法》的通知（2021修订）	2021.02.27	国家发展改革委	部门规范性文件
中央	关于印发《长江省际边界重点河段采砂行政处罚自由裁量权细化标准》的通知（2021修订）	2021.03.05	水利部长江水利委员会	部门工作文件
中央	关于开展长江河道采砂综合整治行动的通知	2021.03.11	水利部，公安部，交通运输部	部门工作文件
中央	关于建立健全长江经济带船舶和港口污染防治长效机制的意见	2021.03.27	交通运输部，国家发展改革委，生态环境部，住房和城乡建设部	部门工作文件
中央	关于做好长江河道采砂综合整治行动有关执法工作的通知	2021.04.01	水利部办公厅	部门工作文件
中央	关于对长江干流安徽段固体废物疑似环境问题进行交办的函	2021.04.06	生态环境部办公厅	部门工作文件
中央	关于进一步明确长江河道采砂综合整治有关事项的通知	2021.04.08	水利部，公安部，交通运输部，工业和信息化部，国家市场监督管理总局	部门工作文件
中央	关于修订印发《重大区域发展战略建设（长江经济带绿色发展方向）中央预算内投资专项管理办法》的通知（2021）	2021.04.09	国家发展改革委	部门工作文件

续表

政府	文件名称	发布时间	发文单位	效力级别
中央	关于印发《支持长江全流域建立横向生态保护补偿机制的实施方案》的通知	2021.04.16	财政部，生态环境部，水利部，国家林业和草原局	部门工作文件
中央	关于实施长江流域重点水域退捕渔民安置保障工作推进行动的通知	2021.05.30	人力资源和社会保障部，国家发展改革委，财政部，农业农村部	部门工作文件
中央	关于长江流域生态环境保护工作情况的报告	2021.06.07	国务院	国务院规范性文件
中央	关于贯彻实施《中华人民共和国长江保护法》的意见	2021.06.07	交通运输部	部门工作文件
中央	关于加强和规范长江流域水生生物监测调查工作的通知	2021.06.08	农业农村部办公厅	部门工作文件
中央	关于长江海事局安庆船舶交通管理系统扩建工程环境影响报告书的批复	2021.06.16	生态环境部	部门工作文件
中央	关于下达 2021 年农业绿色发展专项（长江生物多样性保护工程项目）中央基建投资预算（拨款）的通知	2021.06.17	财政部	部门工作文件
中央	关于下达 2021 年重大区域发展战略建设（长江经济带绿色发展方向）生态环境突出问题整改等项目中央基建投资预算（拨款）的通知	2021.07.02	财政部	部门工作文件
中央	关于进一步推进长江经济带船舶靠港使用岸电的通知	2021.07.14	交通运输部，国家发展改革委，国家能源局，国家电网有限公司	部门规范性文件
中央	关于印发《关于全面推动长江经济带发展财税支持政策的方案》的通知	2021.09.02	财政部	部门规范性文件
中央	关于发布长江流域重点水域禁用渔具名录的通告	2021.10.11	农业农村部	部门规范性文件
中央	关于加强长江经济带重要湖泊保护和治理的指导意见	2021.11.16	国家发展改革委	
中央	长江水生生物保护管理规定	2021.12.21	农业农村部	部门规章

参 考 文 献

中文著作

《习近平谈治国理政》（第三卷、第四卷），外文出版社 2020、2022 年版。

中共中央宣传部编：《习近平新时代中国特色社会主义思想学习纲要》，学习出版社、人民出版社 2023 年版。

中共中央党史和文献研究院编：《习近平关于治水论述摘编》，中央文献出版社 2024 年版。

陈向明：《质的研究方法与社会科学研究》，教育科学出版社 2000 年版。

陈阿江：《次生焦虑——太湖流域水污染的社会解读》，中国社会科学出版社 2010 年版。

易明：《一江黑水：中国未来的环境挑战》，江苏人民出版社 2012 年版。

孙迎春：《发达国家整体政府跨部门协同机制研究》，国家行政学院出版社 2014 年版。

冉冉：《中国地方环境政治：政策与执行之间的距离》，中央编译出版社 2015 年版。

黄萃：《政策文献量化研究》，科学出版社 2016 年版。

杨洪刚：《我国地方政府环境治理的政策工具研究》，上海社会科学院出版社 2016 年版。

尚虎平、张梦怡：《我国地方政府绩效与生态脆弱性协同评估》，科学技术文献出版社 2018 年版。

［美］冯·贝塔朗菲：《一般系统论——基础、发展和应用》，清华大学出版社 1987 年版。

［美］李侃如：《治理中国：从革命到改革》，中国社会科学出版社 2010 年版。

［美］托马斯·R. 戴伊：《理解公共政策》，中国人民大学出版社 2011 年版。

［德］托马斯·海贝勒、［德］迪特·格鲁诺：《中国与德国的环境治理：比较的视角》，中央编译出版社 2012 年版。

［加］迈克尔·豪利特、M. 拉米什：《公共政策研究：政策循环与政策子系统》，生活·读书·新知三联书店 2006 年版。

中文论文

蔡长昆、杨哲盈：《嵌入、吸纳和脱耦：地方政府环境政策采纳的多重模式》，《公共行政评论》2022 年第 2 期。

操小娟、李佳维：《环境治理跨部门协同的演进——基于政策文献量化的分析》，《社会主义研究》2019 年第 3 期。

曹海军、陈宇奇：《部门间协作网络的结构及影响因素——以 S 市市域社会治理现代化试点为例》，《公共管理与政策评论》2022 年第 1 期。

曹堂哲：《政府跨域治理的缘起、系统属性和协同评价》，《经济社会体制比较》2013 年第 5 期。

曹堂哲：《政府跨域治理协同分析模型》，《中共浙江省委党校学报》2015 年第 2 期。

曾维和、咸鸣霞：《圈层分割、垂直整合与城市大气污染互动治理机制》，《甘肃行政学院学报》2018 年第 4 期。

陈瑞莲、谢宝剑：《回顾与前瞻：改革开放 30 年中国主要区域政策》,《新华文摘》2009 年第 11 期。

程育海:《关于政策能力的研究文献综述》,《理论界》2013 年第 3 期。

崔晶、毕馨雨、杨涵羽:《黄河流域生态环境协作治理中的"条块"相济:以渭河为例》,《改革》2021 年第 10 期。

崔晶:《京津冀都市圈地方政府协作治理的社会网络分析》,《公共管理与政策评论》2015 年第 3 期。

崔晶:《京津冀一体化发展中的地方政府整体性协作治理》,《北京交通大学学报(社会科学版)》2019 年第 4 期。

郭本海、李军强、张笑腾:《政策协同对政策效力的影响——基于 227 项中国光伏产业政策的实证研究》,《科学学研究》2018 年第 5 期。

韩啸、吴金鹏:《治理需求、政府能力与互联网服务水平:来自中国地方政府的经验证据》,《情报杂志》2019 年第 3 期。

胡中华、周振新:《区域环境治理:从运动式协作到常态化协同》,《中国人口·资源与环境》2021 年第 3 期。

黄萃:《政策文献量化研究:公共政策研究的新方向》,《公共管理学报》2015 年第 2 期。

黄健荣、钟裕民:《中国政府决策能力评价及其优化研究——以医疗卫生体制改革决策为例》,《社会科学》2011 年第 11 期。

黄新华、于潇:《省级政府战略管理能力评价及影响因素研究——基于 DEA-Tobit 两步法的分析》,《行政论坛》2017 年第 4 期。

黄新平、黄萃、苏竣:《基于政策工具的我国科技金融发展政策文本量化研究》,《情报杂志》2020 年第 1 期。

靳强、郑庆昌:《长江经济带生态创新协同度及其影响因素分析》,《科技管理研究》2018 年第 18 期。

雷玉琼、李岚:《乡镇政府公共服务供给能力评估指标体系建构——兼论政府公共服务能力的研究现状》,《中国行政管理》2015 年第 11 期。

李成宇、张士强：《中国省际水—能源—粮食耦合协调度及影响因素研究》，《中国人口·资源与环境》2020年第1期。

李玲玲、梁疏影：《公共利益：公共政策的逻辑起点》，《行政论坛》2018年第4期。

李强、谢舟涛：《环境信息公开对经济高质量发展的影响——来自长江经济带的证据》，《管理学刊》2023年第5期。

李宇环：《地方政府战略管理能力评价模型与指标体系》，《中国行政管理》2015年第2期。

林雪霏：《政府间组织学习与政策再生产：政策扩散的微观机制——以"城市网格化管理"政策为例》，《公共管理学报》2015年第1期。

刘鹏、王中一：《政策能力：理论综述及其对中国公共政策研究的启示》，《公共管理与政策评论》2018年第2期。

刘嗣方：《习近平总书记关于推动长江经济带发展重要论述的内涵要义、内蕴方法及创新贡献》，《改革》2024年第2期。

吕丽娜：《国内地方政府间横向关系研究综述》，《湖北社会科学》2008年第5期。

吕志奎、刘洋：《政策工具视角下省域流域治理的府际协同研究——基于九龙江流域政策文本（1999—2021）分析》，《北京行政学院学报》2021年第6期。

马捷、锁利铭：《城市间环境治理合作：行动、网络及其演变》，《中国行政管理》2019年第9期。

毛寿龙、郑鑫：《政策网络：基于隐喻、分析工具和治理范式的新阐释——兼论其在中国的适用性》，《甘肃行政学院学报》2018年第3期。

宓泽锋、曾刚、尚勇敏：《中国省域生态文明建设评价方法及空间格局演变》，《经济地理》2016年第4期。

钱正荣：《悖论中的政策能力研究：一种治理框架下的分析》，《四川行政学院学报》2011年第6期。

余颖、刘耀彬：《"自上而下"的环保治理政策效果评价——基于长江经济带河长制政策的异质性比较》：《资源科学》2023 年第 6 期。

孙静、马海涛、王红梅：《财政分权、政策协同与大气污染治理效率——基于京津冀及周边地区城市群面板数据分析》，《中国软科学》2019 年第 8 期。

锁利铭、陈斌：《地方政府合作中的意愿分配：概念、逻辑与测量》，《学术研究》2021 年第 4 期。

锁利铭、阚艳秋、陈斌：《经济发展、合作网络与城市群地方政府数字化治理策略》，《公共管理与政策评论》2021 年第 3 期。

锁利铭、阚艳秋、李雪：《制度性集体行动、领域差异与府际协作治理》，《公共管理与政策评论》2020 年第 4 期。

汤利华：《地方领导小组运行的适应模型——基于环境—结构理论视角》，《公共管理与政策评论》2022 年第 2 期。

唐贤兴、田恒：《分权治理与地方政府的政策能力：挑战与变革》，《学术界》2014 年第 11 期。

田恒、唐贤兴：《论政府间的政策能力》，《晋阳学刊》2016 年第 5 期。

田晋、田芳芝：《农村非营利组织源汲取能力评估系统构建——基于民族地区区情的研究》，《中国集体经济》2017 年第 7 期。

田玉麒、陈果：《跨域生态环境协同治理：何以可能与何以可为》，《上海行政学院学报》2020 年第 2 期。

汪伟全、郑容坤：《地方政府合作研究的特征述评与未来展望——基于 CSSCI（2003—2017）文献计量分析》，《上海行政学院学报》2019 年第 4 期。

王佃利、付冷冷：《行动者网络理论视角下的公共政策过程分析》，《东岳论丛》2021 年第 3 期。

王飞：《项目式协调：政府内部平级部门间合作发生的制度逻辑》，

《北京社会科学》2019 年第 2 期。

王福龙：《区域协调发展中地方政府间横向合作的评价指标体系构建》，《行政管理改革》2019 年第 10 期。

王洛忠、张艺君：《我国新能源汽车产业政策协同问题研究——基于结构、过程与内容的三维框架》，《中国行政管理》2017 年第 3 期。

王薇、邱成梅、李燕凌：《流域水污染府际合作治理机制研究——基于"黄浦江浮猪事件"的跟踪调查》，《中国行政管理》2014 年第 11 期。

王余生：《横向政府间公共政策执行的博弈分析——基于集体行动逻辑的视角》，《北京理工大学学报（社会科学版）》2017 年第 2 期。

魏娜、孟庆国：《大气污染跨域协同治理的机制考察与制度逻辑——基于京津冀的协同实践》，《中国软科学》2018 年第 10 期。

温雪梅、锁利铭：《城市群公共卫生治理的府际协作网络结构研究：来自京津冀和长三角的数据》，《暨南学报（哲学社会科学版）》2020 年第 11 期。

吴文强：《政府多部门决策协调的研究述评》，《公共行政评论》2020 年第 1 期。

邢华、邢普耀：《大气污染纵向嵌入式治理的政策工具选择——以京津冀大气污染综合治理攻坚行动为例》，《中国特色社会主义研究》2018 年第 3 期。

邢华：《我国区域合作的纵向嵌入式治理机制研究：基于交易成本的视角》，《中国行政管理》2015 年第 10 期。

熊烨：《跨域环境治理：一个"纵向—横向"机制的分析框架》，《北京社会科学》2017 年第 5 期。

项志芬：《内容分析法在管理研究中的应用现状及前景》，《科技情报开发与经济》2006 年第 18 期。

薛澜、陈玲：《中国公共政策过程的研究：西方学者的视角及其启示》，《中国行政管理》2005 年第 7 期。

燕继荣：《制度、政策与效能：国家治理探源——兼论中国制度优势及效能转化》，《政治学研究》2020 年第 2 期。

杨逢银、胡平、邢乐勤：《公共事务复合治理的载体、实践及其走势分析——以杭州运河综保工程为例》，《中国行政管理》2012 年第 3 期。

杨雪冬：《中国地方政府创新：特定和问题》，《甘肃行政学院学报》2007 年第 4 期。

杨妍、孙涛：《跨区域环境治理与地方政府合作机制研究》，《中国行政管理》2009 年第 1 期。

杨艳、郭俊华、余晓燕：《政策工具视角下的上海市人才政策协同研究》，《中国科技论坛》2018 年第 4 期。

叶大凤：《协同治理：政策冲突治理模式的新探索》，《管理世界》2015 年第 6 期。

余敏江：《论区域生态环境协同治理的制度基础——基于社会学制度主义的分析视角》，《理论探讨》2013 年第 2 期。

张成福、李昊城、边晓慧：《跨域治理：模式、机制与困境》，《中国行政管理》2012 年第 3 期。

张钢、徐贤春：《地方政府能力的评价与规划——以浙江省 11 个城市为例》，《政治学研究》2005 年第 2 期。

张国兴、张振华、高扬，等：《环境规制政策与公共健康——基于环境污染的中介效应》，《系统工程理论与实践》2018 年第 2 期。

张紧跟：《区域公共管理制度创新分析：以珠江三角洲为例》，《政治学研究》2010 年第 3 期。

张康之、向玉琼：《政策分析语境中的政策问题建构》，《东南学术》2015 年第 1 期。

张力伟：《从共谋应对到"分锅"避责：基层政府行为新动向——基于一项环境治理的案例研究》，《内蒙古社会科学（汉文版）》2018 年第 6 期。

张立荣、李晓园：《县级政府公共服务能力结构的理论建构、实证检测及政策建议——基于湖北、江西两省的问卷调查与分析》，《中国行政管理》2010 年第 5 期。

张世贤：《政策能力评估研究》，《行政（澳门）》2010 年第 3 期。

张贤明、田玉麒：《整合碎片化：公共服务的协同供给之道》，《社会科学战线》2015 年第 9 期。

张则行：《组织控制视角下纵向府际环境治理责任均配及其履行路径初探》，《中国行政管理》2022 年第 3 期。

张振华、张国兴、马亮、刘薇：《科技领域环境规制政策演进研究》，《科学学研究》2020 年第 1 期。

章文光、闫蓉：《基于三维量化视角的中国创新政策计量分析》，《上海行政学院学报》2019 年第 5 期。

赵晶、迟旭、孙泽君：《"协调统一"还是"各自为政"：政策协同对企业自主创新的影响》，《中国工业经济》2022 年第 8 期。

赵静、陈玲、薛澜：《地方政府的角色原型、利益选择和行为差异——一项基于政策过程研究的地方政府理论》，《管理世界》2013 年第 2 期。

赵筱媛、浦墨、王娟娟、詹淑琳：《基于政策文本内容分析的政策发展趋势预测研究》，《情报学报》2014 年第 9 期。

赵新峰、蔡天健：《政策工具有效改善了"九龙治水"困境吗？——基于 1984—2018 年中国水污染治理的政策文本研究》，《公共行政评论》2020 年第 4 期。

郑石明、何裕捷、邹克：《气候政策协同：机制与效应》，《中国人口·资源与环境》2021 年第 8 期。

郑石明：《环境政策何以影响环境质量？——基于省级面板数据的证据》，《中国软科学》2019 年第 2 期。

郑文强、刘滢：《政府间合作研究的评述》，《公共行政评论》2014

年第 6 期。

郑志龙、侯帅：《县级政府社会治理能力的测量模型建构》，《中国行政管理》2020 年第 8 期。

周凌一：《正式抑或非正式？区域环境协同治理的行为选择——以 2008—2020 年长三角地区市级政府为例》，《公共管理与政策评论》2022 年第 4 期。

周望：《超越议事协调：领导小组的运行逻辑及模式分化》，《中国行政管理》2018 年第 3 期。

周英男、柳晓露、宫宁：《政策协同的内涵、特点与实现条件》，《理论导刊》2016 年第 1 期。

朱春奎、毛万磊：《议事协调机构、部际联席会议和部门协议：中国政府部门横向协调机制研究》，《行政论坛》2015 年第 6 期。

朱光喜：《政策协同：功能、类型和途径——基于文献的分析》，《广东行政学院学报》2015 年第 4 期。

卓成霞：《大气污染防治与政府协同治理研究》，《东岳论丛》2013 年第 9 期。

申剑敏：《跨域治理视角下的长三角地方政府合作研究》，复旦大学 2013 年博士学位论文。

向俊杰：《我国生态文明建设的协同治理体系研究》，吉林大学 2015 年博士学位论文。

英文文献

Bryan D. Jones、Baumgartner、Frank R.，The politics of attention：How Government Prioritizes Problems，Chicago：University of Chicago Press，2005.

Pierre J、Painter M，*Challenges to State Policy Capacity：Global Trends and Comparative Perspectives*，Basingstoke：Palgrave Macmillan，2005.

Althaus Catherine, "Rethinking the commissioning of consultants for enhancing government policy capacity", *Policy Sciences*, Vol 54, No. 7 (October 2021).

Ansell chris, "Collaborative Governance in Theory and Practice", *Journal of Public Administration Research and Theory*, Vol 18, No. 4 (October 2008).

Bizikova L, "Environmental mainstreaming and policy coherence: essential policy tools to link international agreements with national development—a case study of the Caribbean region", *Environment Development & Sustainability*, Vol. 20, No. 1 (June 2018).

Blanco I、Lowndes V、Pratchett L, "Policy Networks and Governance Networks: Towards Greater Conceptual Clarity", *Political Studies Review*, Vol. 9, No. 3 (September 2011).

Boston J, "The Problems of Policy Coordination: The New Zealand Experience", *Governance*, Vol. 5, No. 1 (January 1992).

Camarero M、Tamarit C, "A rationale for macroeconomic policy coordination: Evidence based on the Spanish peseta", *European Journal of Political Economy*, Vol 11, No. 1 (March 1995).

Daugbjerg、Carsten. Dietmar Braun, "*Organising the Political Coordination of Knowledge and Innovation Policies*", *Science and Public Policy*, Vol. 35, No. 4 (May 2008), pp. 227–239.

Freeman L. C, "Centrality in Social Networks: Conceptual Clarification", *Social Network*, Vol. 3, No. 1 (1979).

Grossman G M、Krueger A B, "Environmental impacts of a North American free trade agreement", *Social Science Electronic Publishing*, Vol. 8, No. 2 (November 1991).

HALL P A, "Policy Paradigms, Social Learning, and the State: The

Case of Economic Policymaking in Britain", *Comparative Politics*, Vol. 25, No. 3 (April 1993).

Howlett M, "Government Communication as a Policy Tool: A Framework for Analysis", *Canadian political Science Review*, Vol. 3, No. 2 (May 2009).

Howlett M、Kim J、Weaver P, "Assessing Instrument Mixes through Program and Agency-Level Data: Methodological Issues in Contemporary Implementation Research", Review of Policy Research, Vol. 23, No. 1 (February 2006).

Hughes C E、Ritter A、Mabbitt N, "Drug policy coordination: Identifying and assessing dimensions of coordination", *International Journal of Drug Policy*, Vol. 24, No. 3 (May 2013).

Kim、Young-Han, "International policy coordination for financial market stability in the Asian economies", *Applied Economics*, Vol. 35, No. 10 (July 2003).

Koichiro Mori、Tsuguta Yamashita, "Methodological Framework of Sustainability Assessment in city sustainability index: A Concept of Constraint and Maximisation Indicators", *Habitat International*, Vol. 45, No. 1 (January 2015).

Lorraine M. McDonnell、Richard Elmore, "Getting the Job Done: Alternative Policy Instruments", *Educational Evaluation and Policy Analysis*, Vol. 9, No. 2 (June 1987).

Matei A I、Dogaru T C, "*Coordination of Public Policies in Romania: An Empirical Analysis*", Social Science Electronic Publishing, Vol. 81, No. 2 (November 2012).

Metcalfe, L, "*International Policy Co-Ordination and Public Management Reform*", International Review of Administrative Sciences, Vol. 60, No. 2 (June 1994).

Michael Howlett、Jonathan Kim、Paul Weaver, "Assessing Instrument Mixes: Methodological Issues in Contemporary Implementation Research", *Review of Policy Research*, Vol. 23, No. 1 (February 2006).

Porter M E、Linde C, "Toward a New Conception of the Environment - Competitiveness Relationship", *Journal of Economic Perspectives*, Vol. 9, No. 4 (1995).

Painter M. "Central agencies and the coordination principle", *Australian Journal of Public Administration*, Vol. 40, No. 4 (December 1981).

Peters B G, "Managing Horizontal Government: The Politics of Co-ordination", *Public Adnimistration*, Vol. 76, No. 2 (July 1998).

Vinish Kathuria, "Controlling Water Pollution in Developing and Transition Countries—Lessons from Three Successful Cases", *Journal of Environmental Management*, Vol. 78, No. 4 (March 2006).

后 记

　　长江经济带横跨中国东中西三大区域，拥有联动东中西部和衔接北中南的独特优势，蕴含巨大的发展潜力。党的十八大以来，以习近平同志为核心的党中央高度关注长江经济带发展，认为"长江是中华民族的重要支撑，承载着民族发展大计"。《长江经济带发展规划纲要》明确提出，把保护和修复长江生态环境摆在首要位置。"生态优先，绿色发展"成为长江经济带高质量发展的出发点和立足点，"共抓大保护，不搞大开发"成为中央与地方政府政策内容生产与再生产的根本遵循。本书基于系统论、协同治理和政策协同等理论，从生态系统整体性和流域系统性出发，以"长江经济带生态环境协同保护政策"为研究主题从政策主体、政策内容和政策能力三个方面展开研究。基于"结构—内容—能力"的分析框架，本书的研究结论主要包括四个方面：政策主体间通过合作形成协同关系，是长江经济带生态环境协同保护的前提条件；政策内容调适追求内容的"一致性"，是推进长江经济带生态环境协同保护的桥梁和载体；生态环境保护绩效与政策能力的协同既是长江经济带生态环境协同保护的结果，又是政策循环的新起点；推进政策"主体—内容—能力"三个方面的协同是进一步完善长江经济带生态环境保护的有效途径。本书试图做出的理论贡献主要有以下三点：一是拓展协同治理理论在公共政策和区域治理领域的研究，二是丰富政策效力、政策目标和政策工具等政策内容研究，三是深化政策能力理论研究。

　　当然，由于时间、精力的有限性，加上研究者学术水平的欠缺，本书存在着不足，有待在未来研究中加以补充和延展。从研究对象而言，"协同"的政策存在进一步细化和聚焦的必要性。本书考察政府这一政策主体，虽挂一漏万，但也为进一步探讨政府、企业和社会组织等其他政策主体的协同发展留下了思考和建议。此外，数据和样本的选择存在以偏概全之嫌。如关于协同结果的考察，本书选定长江经济带的9省2市，这为研究提供了便利性和可能性，却也掩盖了110个城市政府的多样性和丰富性。当然，这也为进一步以长江经济带110个城市为样本开展研究提供了方向和可能。进一步而言，生态环境协同治理非一日之功，长江经济带上、中、下游也逐步形成长三角一体化发展、中游城市群、成渝双城经济圈等更小范围内的区域。因此，在长江经济带宏观层面的探索可以进一步推进到流域内更小的区域作具体研究。总体而言，未来研究可聚焦具体区域，在更多领域、更多层面探讨"生态环境协同保护"。此外，生态环境的范畴也比较宽泛，既有水环境治理，也有大气污染治理、城乡环境治理等内容。每一个领域的治理难度有所不同，所要求的资源、能力也有差异。基于此，未来研究需要聚焦水环境保护、水污染治理等具体生态环境领域深耕细作。

　　有道是"独木难支""孤掌难鸣"。学术研究的"道"阻且长，一路走来，如果没有"贵人"的帮助，本书恐怕难以成稿。在书稿付梓之际，特别感谢兰州大学马克思主义学院、我的导师王维平教授的精心指导；感谢长江大学马克思主义学院院长姜学勤教授、党委书记刘小燕副教授、副院长涂江波教授、副院长张莉副教授、办公室徐先荣主任等领导的鼎力支持；感谢长江大学马克思主义学院尹业香教授、王金洲教授在修改过程中提出的宝贵建议；感谢长江大学原人文社科处副处长彭开智副教授提供的支持与鼓励；感谢好友黄晓云、李振华、汤波兰、徐骆四位副教授的鼎力相助。孔子曰："三人行，必有我师焉。"这些老师、同事、朋友虽然和我并非一个专业，但他们在各自的研究领域都有极高的造诣，和他们讨论问题常令我茅塞顿开，有醍醐灌顶之感！此外，在写作过程中，本书阅读并参考了国内外专家学者的相关研究成果，从中获益匪浅，在此深表谢意！

肖芬蓉

2024 年 9 月 4 日于湖北荆州

责任编辑：侯俊智
助理编辑：高叶儿
责任校对：秦　婵
封面设计：王春峥

图书在版编目(CIP)数据

长江经济带生态环境协同保护政策研究 / 肖芬蓉著.
北京 ： 人民出版社，2025. 5. -- ISBN 978－7－01－026986－3

Ⅰ. X321. 25

中国国家版本馆 CIP 数据核字第 2025A2E769 号

长江经济带生态环境协同保护政策研究
CHANGJIANG JINGJIDAI SHENGTAI HUANJING XIETONG BAOHU ZHENGCE YANJIU

肖芬蓉　著

人民出版社 出版发行
(100706　北京市东城区隆福寺街 99 号)

中煤(北京)印务有限公司印刷　新华书店经销

2025 年 5 月第 1 版　2025 年 5 月北京第 1 次印刷
开本：710 毫米×1000 毫米 1/16　印张：14. 75
字数：204 千字

ISBN 978－7－01－026986－3　定价：65.00 元

邮购地址 100706　北京市东城区隆福寺街 99 号
人民东方图书销售中心　电话 (010)65250042　65289539

版权所有·侵权必究
凡购买本社图书，如有印制质量问题，我社负责调换。
服务电话：(010)65250042